KB079420

상대론의 ABC

단 두 가지 원리로 모든 것을 알게 된다

후쿠시마 하지메 지음
손영수 옮김

전파과학사

머리말

상대성이론은 젊은 사람을 중심으로 언제나 인기가 있다. 물리학의 이론 중에서 이만큼 흥미를 갖게 하는 것도 흔치 않다. 그 이유는 아마 시간이나 공간에 대한 의외성, 우주의 구조와의 관련 때문일 것이다. 또 상대성이론이 핵에너지에 대한 기본 법칙을 밝혔다는 점도 사람들의 관심을 끄는 원인일 것이다.

한편 아인슈타인이라고 하는 물리학자의 개성, 휴머니즘과 격동하는 사회의 관계가 사람들을 끌어들이는 점도 간과할 수 없을 것이다.

이토록 인기가 있는 상대성이론이지만, 아이러니하게도 학교의 물리학 수업에서는 상대성이론을 거의 다루지 않는다. 그 이유는 '어렵다, 일상적이 못된다, 실용적이 아니다'라는 점에 있을 것이다. 일상적인 것이 아니라는 점은 확실하다. 그러나 나머지 두 가지는 의문이다.

상대성이론만큼 그것을 이해하기 위한 예비지식이 적은 이론도 흔치 않다. 상대성이론의 사고방식을 이해하는 데에는 중학생 이상의 수학이 필요하지 않다. 물리학의 예비지식도 거의 필요하지 않다. 기본이 되는 원리는 상대성이론과 광속도 불변의 원리 단 두 가지뿐이다. 이 두 가지 원리의 핵심만 파악하면 상대성이론은 어렵지 않다.

실용 면에서는 어떨까? 물리학자의 세계에서 상대성이론은 예사로이 사용되고 있다. 싱크로트론 등의 입자가속기 속에서는 고속 입자가 상대성이론을 좇아 운동한다. 원자력발전(그리고 핵병기)의 기본 원리도 상대성이론에 있다.

이 책에서는 다음을 목표로 삼았다.

1. 특수상대성이론을 중심으로 해설한다.

2. 아인슈타인에 대해서 그 생애를 그려 본다.

이때에 주의한 점은 다음과 같다.

1. 왜 시간, 공간의 사고방식을 바꿔야 했는지, 그 이유를 생각해 보고 싶다.

2. 신비로운 것이 아니라는 것을 제시해 보고 싶다.

3. 일반상대론과의 구별을 명확히 해 보고 싶다.

4. 상대성이론과 현대 물리의 관련성을 생각해 보고 싶다.

5. 아인슈타인의 평화주의, 핵에너지와 관련해 과학과 사회의 관계를 생각해 보고 싶다.

그리고 이 책을 쓰는 데는 많은 책을 참고했다. 또 되도록 역사상에 있는 사실을 정확하게 전달하기 위해 많은 책을 인용했다. 저자와 출판사를 비롯한 관계자 여러분에게 마음으로부터 감사를 드린다.

그럼, 아인슈타인과 그의 상대성이론의 세계로 출발하자.

후쿠시마 하지메

차례

머리말   3

1장 상대성이론의 예고 ·· **11**
 1. 아인슈타인 소년의 꿈
   빛, 공간, 시간   12
   성장, 학교   14
   자연에 대한 관심   17

 2. 갈릴레이의 상대성원리
   선구자 갈릴레이   18
   관성의 법칙   20
   관성계란?   21
   갈릴레이의 상대성원리   24
   뉴턴의 역학   25
   역학에서의 속도는 덧셈   27

 3. 절대공간, 절대시간
   뉴턴의 절대공간, 절대시간   28
   용기 있는 비판자 마흐   30
   아인슈타인에게 끼친 영향   32

6

2장 두 가지 원리가 모든 것을 결정한다 ·················· 35
1. 기회는 성숙했다
수업을 싫어하는 아인슈타인 36
직장을 얻지 못한 아인슈타인 36
영광의 올림피아 아카데미 38

2. 두 가지 원리
빛의 속도를 측정 39
입자설과 파동설 41
마이컬슨-몰리의 실험 42
상대성원리 44
광속도 불변의 원리 46
아인슈타인을 괴롭힌 모순 49
문제의 핵심 51

3장 뒤집어지는 시간의 상식 ·························· 53
1. 최대 속도로서의 광속
광원 회전의 패러독스 54
쌍성으로부터의 빛 56
개미처럼 느린 광속 57

2. 시간의 지연
은하철도를 타고 59
달려가는 시계의 지연 59
공시계를 생각한다면 62

아인슈타인의 '정지계' 64

시간 지연의 공식 65

입자의 수명이 길어진다 67

피타고라스의 정리만으로써 68

우주여행의 패러독스 71

3. 동시각의 상대성

1905년 전후의 아인슈타인 72

패러다임 변화 73

동시각의 상대성 75

시각의 역전 77

인과관계는 허물어지지 않는다 78

4장 공간의 수축은 왜 일어나는가? ·················· 83

1. 로런츠 수축

우주여행은 꿈일까? 84

물체의 길이를 측정하는 방법 85

길이의 상대성 85

로런츠 수축의 공식 88

수축의 공식을 구하자 89

다시 우주여행의 패러독스로 91

쌍둥이의 패러독스 93

2. 획기적인 속도합성법칙

속도는 덧셈이 되지 않는다 95

두 원리의 모순 해결 96

5장 상대성이론의 영향 ················· 101

1. 특수상대성이론에서 일반상대성이론으로
플랑크의 지원   102

베를린으로   103

역학과 전자기학의 대립   104

일반상대성이론   106

2. 유명인이 된 아인슈타인
나의 인생에서 가장 행복한 생각   107

등가원리   109

두 질량의 불가사의한 일치   111

일반상대성원리   113

광선의 휘어짐과 일식   115

일식 관측 탐험대   116

일그러지는 하늘나라의 빛   118

3. 아인슈타인의 참모습
아인슈타인의 위기   119

크고 작은 집   119

미녀에게 약한 아인슈타인   121

4. 아인슈타인과 나치 독일, 그리고 국가
'위험한' 평화주의   123

독일로부터의 탈출   124

6장 핵에너지로의 길 ················· 127

1. 상대론은 역학을 바꿔 놓았다
뉴턴 역학의 모순   128
질량의 증가   128
운동방정식의 운명은?   131

2. 질량과 에너지의 새로운 관계
빛으로 만들어진 과자   132
질량과 에너지는 같다   134
빠른 입자일수록 무거워진다   135
라듐으로부터 원자핵의 변환으로   136

3. 아인슈타인과 원자 폭탄, 수소 폭탄
둘로 쪼개지는 우라늄   138
핵분열에 의해 핵의 질량이 줄어든다   140
질량의 결손   142
성냥이 타는 것도 연쇄반응   143
아인슈타인의 편지   145
맨해튼 계획   146
히로시마와 나가사키   147

7장 아인슈타인과 현대물리학, 그리고 사회 ·············· 149

1. 양자역학과 아인슈타인
물리학의 또 하나의 혁명   150
해명된 원자의 구조   151
아인슈타인의 저항   152

2. 일반상대론과 통일장이론

아인슈타인의 통일이론 시도   153

현대의 통일이론에 대한 도전   155

우주론과 일반상대론   157

3. 아인슈타인과 과학자와 전쟁

히로시마, 나가사키와 물리학자들   158

정치 논리와 과학자의 무지   161

다시 아인슈타인의 평화주의에 대하여   162

만년의 아인슈타인   163

전쟁에 도입된 과학   165

과학자의 블랙홀   167

아인슈타인을 넘어서는 것은?   169

후기   173

이 책에 등장하는 주요 과학자의 프로필   175

1장
상대성이론의 예고

1. 아인슈타인 소년의 꿈

빛, 공간, 시간

아인슈타인은 '빛의 속도로 빛을 쫓아가면 어떻게 보일까?'라는 의문을 품고 있었다. 이것은 종종 우리도 경험하는 일이다. 빛은 정지해 있는 것처럼 보일 것이다. 그러나 실험에 의하면 광속은 언제나 일정하다. 이와 같이 모순되듯이 생각되는 사항을 패러독스(역설)라고 한다.

아인슈타인은 그의 『자서전 노트』 가운데서, 열여섯 살의 소년 시절에 부닥쳤던 빛의 패러독스에 대해 다음과 같이 기록하고 있다(그림 1-1).

그 패러독스는 광선을 진공 속의 광속도(c)로 쫓아가면, 광선은 정지한 채로 공간을 진동하는 전자기장처럼 보일 거라는 것이었다. 그러나 경험으로 보거나 맥스웰의 이론(전자기이론)에 의해서나 그와 같은 일이 일어날 것이라고는 생각되지 않았다.

'우주에는 중심이 있을까? 또 우주는 무한히 펼쳐져 있을까?'라는 공간에 대한 의문도 마찬가지로 우리 마음을 사로잡는다. 전자는 특수상대성이론과 관계가 있고, 후자는 일반상대성이론으로 연결된다.

'시간이란 무엇일까? 우주 개벽 이후 끊임없이 계속해 흘러가는 것일까? 우주의 어디서나 시간은 마찬가지로 흘러가는 것일까?'

시간에 대해서도 의문은 끊이지 않는다. 그러나 이와 같은 시간이나 공간에 대한 의문은 어른이 됨에 따라서 어느 틈엔가

〈그림 1-1〉 빛의 속도로 빛을 쫓아가면……

잊어버리고 만다. 아인슈타인은 이런 문제들을 10년 동안 곰곰이 생각하여 상대성이론을 탄생시켰다. 그는 다음과 같이 말하고 있다.

"다름 아닌 내가 상대성이론을 발견하게 된 것은, 생각해 보면… 그것은 다음과 같은 사정 때문이었던 것 같습니다. 정상적인 어른은 시간, 공간의 문제에 대해 골머리를 썩히지 않습니다. 그들은 그것에 대해 생각해야 할 일은 모조리 어린 시절에 해결된 것으로 생각하고 있습니다. 그것에 반해 나는 발육이 느려서 어른이 되어서야 겨우 공간과 시간에 대해 의문을 갖기 시작했습니다. 덕분에 나는 보통 어린이보다 훨씬 깊이 문제점을 추구하게 되었던 것입니다."
(C. 제리히 『아인슈타인의 생애』)

14

〈그림 1-2〉 아인슈타인과 누이동생 마야

성장, 학교

상대성이론의 창시자 A. 아인슈타인은 1897년 독일의 울름에서 유태인의 아들로 태어났다. 소수 민족인 유태인으로 태어난 것은 아인슈타인의 그 후의 인생, 성격, 과학자로서의 사고방식에 커다란 영향을 끼쳤다. 유아 시절에는 말하는 것이 늦어서 지진아가 아닌가 걱정했다.

그러나 그 걱정은 쓸데없는 것이었다. 초등학교에서 그는 공부에 뛰어난 재능을 보이기 시작했다.

초등학교를 우수한 성적으로 졸업한 아인슈타인은, 독일 뮌헨에 있는 루이트폴트 김나지움(9년제로 대학 준비 교육기관)에서 교육을 받았다. 그러나 독일식의 규율을 중시하는 교육은 그에게 맞지 않았다. 후에 그는 다음과 같이 말하고 있다.

"내 생각에는 학교가 주로 공포, 권력, 조작된 권위에 의해 운영되는 것만큼 나쁜 일은 없다. 그런 방법은 학생의 건강한 감정, 성실성, 자신감을 깨뜨려 버린다. 그렇게 해서 비굴한 국민이 만들어진다."(C. 제리히 『아인슈타인의 생애』)

권위를 들먹이는 교사, 암기 등 그는 그런 일들이 싫었다. 후에 아인슈타인은 어느 교사와 주고받은 말을 다음과 같이 회상하고 있다.

교사 : "자네가 만약 이 학급에 없다면 훨씬 행복할 거야."

아인슈타인 : "전 나쁜 짓을 아무것도 하지 않았어요."

교사 : "그건 그래. 하지만 자넨 뒷줄에 앉아서 깔보기나 하듯이 웃고 있는데, 그건 선생님이 학급 전체로부터 받을 필요가 있는 존경심을 떨어뜨리고 있는 거란 말이야."

아인슈타인은 학교에서 거의 친구도 생기지 않았고 고독했다. 그에게는 '우둔한 녀석'이라는 별명이 붙었다.

열다섯 살 때, 부친의 사업 실패로 가족이 이탈리아로 이주했으나 그는 혼자 뮌헨에 남아 학교를 계속 다녔다. 그러나 결국 그는 '신경 피로'라는 진단서를 내고 학교를 퇴학하여 이탈리아의 가족에게로 돌아가 얼마 동안 학교를 다니지 않았다.

열여섯 살이 된 아인슈타인은 스위스의 취리히 공과대학 입학시험에 도전했다. 그러나 근대어, 동물학, 식물학(즉, 암기 과목)의 성적이 좋지 않아서 불합격되었다. 하지만 아인슈타인의 수학과 이과 성적이 아주 우수한 데에 주목한 학장 A. 헤르츠오크는, 그에게 스위스 아라우의 주립학교(고등학교에 해당)에서 공부하여 다시 시험을 치를 것을 권했다.

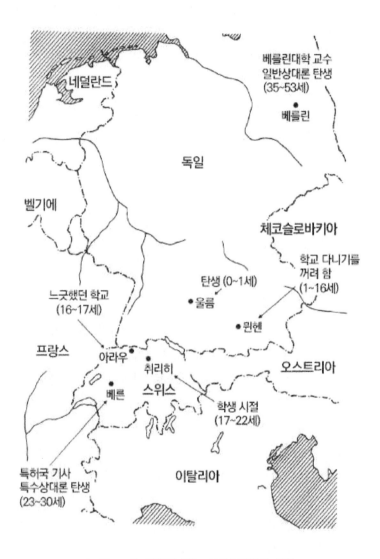

〈그림 1-3〉 지도로 보는 아인슈타인의 생애

아라우 학교의 자유로운 교육은 아인슈타인에게 딱 들어맞았다. 후에 그는 다음과 같이 말하고 있다.

"이 학교는 내게 잊지 못할 인상을 남겼다. 자유의 정신이 있고, 선생님들은 결코 외부의 권위에 의존하지 않으며, 꾸미거나 척하지 않고 사려가 깊었기 때문이다."(A. 파이스 『신은 노회함으로써… 아인슈타인의 인물과 학문』, 이하 이 책으로부터의 인용문은 파이스로 적는다)

이 학교에서의 1년간은 아인슈타인에게 참으로 귀중한 것이었다. 수학, 물리학, 지질학의 좋은 선생과도 만났다. 그에게 따라붙던 소심증이 없어졌다. 그는 스스로의 재능에 자신을 갖기 시작했고, 자연과학을 장래의 직업으로 삼으리라는 결의를 굳혔다.

이듬해 이 학교를 졸업한 그는 열일곱 살에 염원하던 취리히 공과대학의 학생이 될 수 있었다.

자연에 대한 관심

자연과학에 대한 아인슈타인의 관심은 어떻게 생겨났을까?

아인슈타인이 네 살인가 다섯 살 때, 아버지가 보여준 나침판은 그에게 커다란 놀라움을 안겨 주었다. 그는 그 바늘이 언제나 일정한 방향을 가리키는 것에 놀랐던 것이다. 그는 사물의 배경에는 무엇인가 깊숙이 감춰진 것이 있구나, 하고 강한 느낌을 받았다.

열 살부터 열다섯 살까지, 아인슈타인의 집을 찾아온 가난한 의학생 M. 탈무드는 아인슈타인에게 큰 영향을 끼쳤다. 매주 목요일 아인슈타인의 집으로 식사를 하러 온 그는, 과학 해설서와 철학 책을 아인슈타인에게 읽게 했다. 두 사람은 친구처럼 과학과 철학에 대해 토론하면서 지냈다.

열두 살 때 읽은 작은 기하학 책은 그에게 나침판과는 다른 제2의 놀라움을 안겨 주었다. 몇몇 공리(公理)로부터 온갖 명제를 의문의 여지조차 없는 형태로 증명해 나가는 기하학의 '명석성과 정확성'이 그를 기하학에 열중하게 만들었다.

기술자였던 숙부 야콥이 출제해 준 수학 문제도 아인슈타인을 기쁘게 했다. 피타고라스의 정리(定理)를 고생 끝에 스스로 증명한 일도 있었다. 미분, 적분학이나 자연과학에 대해서도 그는 독학으로 공부하여 고도한 수학적 능력을 익혀 갔다. 베른슈타인이 일반인을 대상으로 쓴 과학 해설서 『통속 자연과학 체계』(通俗自然科學體系, 전 6권)를 숨이 막힐 만큼 긴장하여 읽었다. 이 책은 그 무렵의 젊은이들에게 굉장한 인기였다. 이리하여 소년 아인슈타인의 마음속에 과학에 대한 관심이 무럭무럭 자라났다.

2. 갈릴레이의 상대성원리

선구자 갈릴레이

소년 아인슈타인이 과학자로서 성장해 가고 있을 때, 물리학은 그에게 어떠한 무대를 마련하고 있었을까? 우리는 역사를 거슬러 올라갈 필요가 있다.

상대성이론의 테마가 되는 '운동의 상대성'이라는 문제를 최초로 거론한 것은 근대 과학의 아버지 G. 갈릴레이(이탈리아)이다.

중세 유럽은 오랫동안 프톨레마이오스의 천동설(天動說)이 지

〈그림 1-4〉 높은 곳에서부터 바로 밑으로 물체를 떨어뜨리면

배하고 있었다. 이것에 대해 갈릴레이는 1543년 N. 코페르니쿠스(폴란드)에 의해 제출된 지동설(地動說)을 적극적으로 옹호했다. '지구는 움직인다'고 하는 갈릴레이의 주장에 대한 당시 학자들의 강한 반론은 다음과 같은 것이었다.

1. 우리는 지구가 움직이고 있는 게 느껴지지 않는다.

2. 만일 지구가 공전이나 자전을 하고 있다면, 지상의 물체는 모두 뒤쪽으로 날아가 버릴 것이 아니냐?

3. 높은 곳에서부터 조용히 떨어뜨린 돌은, 만일 지구가 서에서 동으로 자전하고 있는 것이라면 바로 밑으로 떨어지지 않고 약간 서쪽으로 떨어질 터인데도 그런 일은 관측되지 않는다.

확실히 지구의 자전 속도는 굉장히 크며, 적도 위에서는 초속 460m에 달한다.

이런 비판에 대해 갈릴레이는 각각 다음과 같이 반론했다.

지구가 움직이고 있는 것을 우리가 느끼지 못하는 것은 등속도로 움직이고 있는 배를 타고 있으면 움직이고 있다는 것을 느끼지 않는 것과 같다. 이 사고방식이 상대성원리, 그리고 상대성이론의 기초에 있는 관성계의 개념에 결부된다.

또 지상의 물체는 지구와 함께 움직이고 있고, 떨어진 돌도 수평 방향으로 지구와 같은 속도를 가지고 있으므로, 결국 바로 밑으로 낙하한다(그림 1-4). 이 주장이 관성의 법칙에 결부된다.

관성의 법칙

관성의 법칙이란

'물체에 전혀 힘이 가해지지 않으면, 물체는 등속직선 운동을 계속한다(정지해 있던 물체는 정지한 채로)'

라는 것으로서, 갈릴레이의 생각을 계승한 R. 데카르트(프랑스)가 완성했다. 관성의 법칙은 지극히 당연한 법칙처럼 보이지만 사실은 그렇지도 않다. 일상생활 속에서 움직이고 있는 것은 자연히 정지해 버린다. 마찰력이나 공기의 저항력을 피할 수 없기 때문이다. 갈릴레이 이전에는 대포의 포탄 등 던져진 물체는 최초에 받았던 '힘'으로 운동하고, 그것을 잃어버리면 정지해 버린다고 생각했다. 이것에 대해 갈릴레이나 데카르트는 외부로부터의 힘이 없으면, 물체는 등속직선 운동을 계속하는

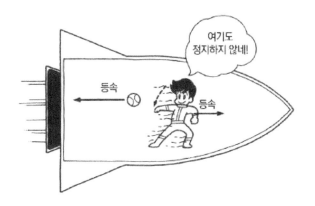

〈그림 1-5〉 우주선 속에서는 관성의 법칙을 잘 알 수 있다

성질을 지니고 있다는 것을 간파했다. 그리고 이 법칙이 힘과 운동의 학문, 역학(力學)의 기초 법칙이 되었던 것이다.

갈릴레이와 데카르트는 실험으로 관성의 법칙을 완전히 증명할 수는 없었다. 마찰이나 공기 저항이 없는 세계를 지상에서 만드는 것은 불가능했기 때문이다. 현재는 관성의 법칙을 똑똑히 볼 수 있다. 관성의 법칙을 있는 그대로 볼 수 있는 것은 무중력인 우주 공간 속에서이다. 엔진을 멈춘 채로 운행 중인 우주선 속의 영상을 보면, 일단 움직이기 시작한 것은 정지하지 않고 관성의 법칙이 성립되어 있는 것을 잘 알 수 있다(그림 1-5).

관성계란?

그런데 관성의 법칙은 어디서나 성립되는 것일까? 아니다. 어디서나 다 그렇다고는 할 수 없다. 관성의 법칙은 전차나 자동차가 등속직선 운동을 할 때, 지상과 마찬가지로 성립한다.

22

〈그림 1-6〉 관성계와 비관성계의 차이

그러나 전차나 자동차가 발진하거나, 정차하거나, 커브를 돌 때는 성립하지 않는다. 전차의 마룻바닥에 있는 공은 전차가 발진할 때는 자연적으로 구르기 시작한다. 커브를 하고 있는 전차 속에서 공은 직진하지 않는다. 즉, 관성의 법칙은 속도나 진행 방향이 변화하는 곳(비관성계)에서는 성립하지 않는다.

속도나 그 방향의 1초당 변화를 가속도라고 한다. 따라서 관성의 법칙은 가속도가 있는 곳에서는 성립하지 않는다. 관성의 법칙이 성립하기 위해서는 그 탈것이 등속직선 운동을 하고 있어야 한다는 조건이 붙는다. 이와 같이 관성의 법칙이 성립하는 조건을 충족하는 곳을 관성계라고 한다(그림 1-6).

우리는 물체의 위치나 운동을 나타내는 데에 좌표계라는 것을 사용한다. 좌표계라고 하는 것은 x축, y축, z축이라고 하는 서로 수직인 세 개의 좌표축을 정하고, 그것을 기준으로 하여

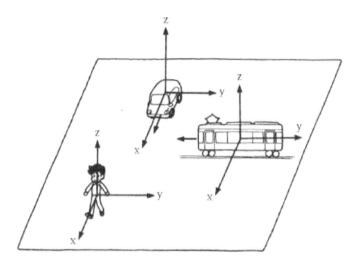

〈그림 1-7〉 좌표계

운동하는 물체의 위치나 속도를 나타내는 방법이다(그림 1-7).

지금까지는 지상이라든가 탈것 속이라는 말을 사용해 왔는 데, 이제부터는 좌표계라는 말을 쓰기로 하자. 그렇게 하면 관 성계란 지상이나 등속직선 운동을 하는 탈것에 고정된 좌표계 이다.

지상에 고정된 좌표계가 관성계라면, 그것에 대해 등속직선 운동을 하는 탈것에 고정된 좌표계는 모두 관성계이므로, 관성 계는 무수히 있다는 것을 알 수 있다.

"그러나 지구는 자전이나 공전으로 회전하고 있으므로, 커브 를 돌고 있는 자동차와 같으며 관성계가 아니잖느냐"고 하는 의문을 갖는 독자도 있을지 모른다. 엄밀하게는 관성계가 아니 다. 그러나 우리가 공의 낙하 등 물체 운동을 조사하는 데에 걸리는 시간은 아주 짧기 때문에, 그동안 지구는 거의 등속직

24

선 운동을 하고 있다고 생각해도 무방하다. 따라서 지상은 근사적으로 관성계라고 생각할 수 있다. 그래서 앞으로는 지상에 고정된 좌표계를 관성계로 다루기로 한다.

또 엄밀한 의미에서의 관성계는 어디인지에 대한 문제도 생각해 두자. 태양에 고정된 좌표계는 지구보다 뛰어난 관성계이다. 그러나 태양도 곰곰이 생각해 보면 자전을 하면서 은하계 속을 회전하고 있다. 따라서 역시 엄밀하게는 관성계라고 할 수 없다.

이상적인 관성계는 별들로부터 멀리 떨어진 우주 공간을 떠돌아다니는 우주선 속의 좌표계일 것이다. 그 우주선에 대해 등속도로 움직이는 우주선은 모두 관성계이므로, 관성계가 무수히 있다는 것에는 변함이 없다.

갈릴레이의 상대성원리

갈릴레이가 주장했듯이, 지면에 대해 등속도로 움직이고 있는 탈것에 타고 있으면 바깥을 보지 않는 한 우리는 움직이고 있다는 것을 느끼지 못한다. 그뿐만 아니라 캐치볼도 지상과 똑같이 할 수 있다. 탈것이 널찍하면 축구나 테니스도 마찬가지로 할 수 있다. 즉, 물체의 운동 상태는 똑같다.

이와 같이 모든 관성계에서 물체가 같은 운동 법칙을 따른다는 것을 갈릴레이의 상대성원리라고 한다. 더 정확하게 말하면,

'모든 관성계에서 역학의 법칙은 모두 같다'

라고 표현된다.

뉴턴의 역학

지상의 물체와 천체(달, 행성)의 운동이 공통의 법칙을 따른다는 것을 발견하여, 이것을 역학(力學)이라고 하는 하나의 이론 체계로 완성한 것은 I. 뉴턴(영국)이다. 그는 운동의 법칙을 셋으로 정리했다.

운동의 제1법칙은 관성의 법칙이다. 이것에 대해서는 이미 언급했다.

운동의 제2법칙이 역학의 중심이 되는 것으로, 그것은 '물체의 가속도는 외부로부터 물체에 가해지는 힘에 비례하고, 그 질량에 반비례한다'로 나타낼 수 있다. 이 법칙은 중요하므로 좀 더 자세히 살펴보자. 먼저, 가속도는 물체의 1초당 속도의 변화를 나타낸다. 즉,

$$가속도 = \frac{속도의\ 변화}{시간}$$

이다. 제2법칙의 최초의 주장 '물체의 가속도는 그 질량에 반비례한다'도 쉬운 것 같지만, 정말로 이해가 되었는지 하나의 퍼즐을 생각해 보자(그림 1-8).

무중력 공간을 떠돌아다니는 우주선 속에 질량이 10kg과 20kg의 쇠공이 정지해 있다고 하자. 이 두 개의 공에 같은 크기의 힘을 가한다. 이때 각각의 물체의 가속도는 어떻게 될까?

1. 가속도는 서로 같다

2. 20kg인 쪽이 가속도가 절반

어느 쪽이 정답일까? 무중력 상태인 것을 생각하면 1이 정답? 아니다. 2가 정답이다. 질량이 큰 것일수록 가속되기 어렵

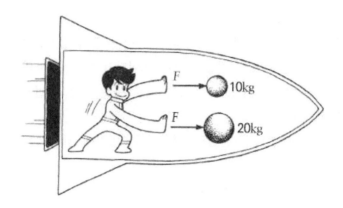

〈그림 1-8〉 같은 힘으로 질량이 다른 물체를 밀면 어떻게 될까?

다. 이것은 중력의 유무에 관계하지 않는다. 질량이란 물체가 가속에 저항하는 성질이며, 이것이 '가속도는 질량에 반비례한다'는 것의 의미이다(이것에 대해서는 5장의 일반상대성이론에서 다시 언급하겠다).

가속도를 a, 힘을 F, 질량을 m으로 하여 제2법칙을 식으로 나타내면,

$$a = \frac{F}{m}$$

가 된다. 이것을 고쳐 써서,

ma = F(질량×가속도=외부로부터 작용하는 힘)

라고 한 것이 뉴턴의 운동방정식이다.

운동의 제3법칙이란 작용 반작용의 법칙을 말하며,

'어떤 물체가 다른 물체에 힘을 미치면, 다른 물체는 반드시 본래

의 물체에 같은 크기로 반대 방향의 힘을 미친다'

라고 하는 것이다.

이 세 가지 법칙을 뉴턴의 운동의 3법칙이라고 한다. 이것에 유명한 만유인력의 법칙,

'모든 물체 사이에는 인력이 작용하고, 그 크기는 두 물체의 질량
의 곱에 비례하며 물체 사이 거리의 제곱에 반비례한다'

를 보태면, 달이나 태양계 행성의 운동, 그리고 지상의 온갖 물체의 운동이 훌륭하게 설명될 수 있다. 그뿐만 아니다. 현대 과학기술의 성과인 자동차, 전차, 비행기 등 모든 탈것은 뉴턴의 역학에 바탕하여 설계된다. 또 인공위성, 달로켓, 행성 우주선 등의 궤도도 운동의 3법칙과 만유인력의 법칙에 의해 계산되고 조정되어 있다.

역학에서의 속도는 덧셈

여기에서 또 하나 중요한 문제를 생각해 보자. 그것은 속도의 합성에 관한 문제이다. 지면에 대해 곧은 레일 위를 일정한 속도(u)로 진행하고 있는 전차가 있다고 하자. 그 전차 속의 사람이 전차의 진행 방향으로 v의 속도로 공을 마룻바닥 위에서 굴렸다고 하자. 마찰력 등의 힘이 전혀 작용하지 않는다고 하면 공은 관성의 법칙을 따라 v의 속도로 등속 운동을 계속한다. 이 공을 지상에 서 있는 사람이 관측하면, 공에는 힘이 작용하고 있지 않기 때문에 속도 u+v로 역시 등속 운동을 하는 것처럼 보인다. 이것은 극히 당연한 일이지만, 여기서 우리는 무의식 중에

'속도는 그저 덧셈을 하면 된다'

고 생각하고 있는 점에 주의하자. 뉴턴 역학의 기초에 있는 이 속도의 합성 방법을 뉴턴 역학의 속도합성법칙이라고 한다. 이 합성법칙은 지극히 당연한 법칙으로 여겨지지만, 상대성이론과의 관계에서 중대한 문제를 내포하고 있다는 것을 나중에 알게 된다.

3. 절대공간, 절대시간

뉴턴의 절대공간, 절대시간

이와 같은 위대한 물리이론을 만들어 낸 뉴턴은 공간과 시간에 대해 어떤 생각을 갖고 있었을까? 그는 우주에는 절대공간, 절대시간이라는 것이 있다고 생각했다. 1687년에 출판된 물리학의 금자탑 『프린키피아』에는 공간에 대해 다음과 같이 기술되어 있다.

절대적인 공간은 그 자신의 성격으로부터 외부의 어떤 것과도 관계없이 항상 같은 상태로 정지해 있다. 상대적인 공간은 이 절대적인 공간을 측정한 것으로 그 기준은 움직일 수 있다. 우리는 이것을 물체에 대한 위치로부터 감각에 의해 결정한다. 이것이 사람들에 의해 부동의 공간으로 받아들여지고 있다.

이와 같이 뉴턴은 절대적인 공간과 상대적인 공간을 명백히 구별했다. 뉴턴이 생각한 절대공간이 어디에 있는지 그것은 잘 모른다. 그 무렵은 태양계 이외의 우주에 대해서는 거의 알려

은하계

〈그림 1-9〉 신의 시계를 생각하면……

지지 않았으므로 뉴턴은 항성이 절대공간에 정지해 있다고 생각했는지도 모른다. 현재의 우리로 보면, 우주 전체에 대해 정지해 있는 좌표계가 절대공간에 고정된 좌표계라고 상상할 수 있다. 이와 같은 좌표계는 절대 정지계라고 불린다.

또 시간에 대해 그는 다음과 같이 기술하고 있다.

절대적인 진정한 수학적 시간은 그 자체가, 그 본성으로부터 외부의 어떠한 것과도 관계없이 균일하게 흐른다. 그것은 지속(持續)이라고도 불린다. 한편 상대적인 겉보기로서의 일상적인 시간은, 물체의 운동에 의해 지속을 측정한 것으로 감각적이고 표면적인 지표이다.

좀 알기 힘들지만, 여기에서 시계의 정밀도가 문제 되고 있는 것은 아니다. 가령 완전히 정확한 시계를 사용했다고 하더라도 그것은 상대적인 시간이며 그것과 달리 절대적인 시간이 있다고 하는 것이다. 일상에서 시계로 재고 있는 시간은 겉보기 시간이고, 그것 말고 우주의 시간이라고 할 신이 정한 시간이 있다고 뉴턴은 생각했을 것이다(그림 1-9).

이와 같은 절대공간, 절대시간이라고 하는 개념에 대해 독자는 어떻게 느낄까? 시간과 공간에 대한 뉴턴의 생각은 상식처럼 생각될지도 모른다. 또 '아냐, 어딘가 좀 이상하다'라고 느끼는 사람도 있을지 모른다. 이 문제 속에 상대성이론을 생각하는 중대한 실마리가 있다.

어쨌든 뉴턴의 사고방식은 그의 위대한 업적과 권위를 바탕으로 300년 이상에 걸쳐 과학자들에게 받아들여져 왔던 것이다.

용기 있는 비판자 마흐

뉴턴의 절대시간, 절대공간의 개념에 최초로 날카로운 비판의 화살을 던진 사람은 E. 마흐(오스트리아)이다. 그는 『역학의 발달과 그 역사적 고찰』(1883)이라는 책에서 절대공간에 대해 다음과 같이 비판했다.

뉴턴이 사실만을 연구한다는 그의 방침에 반한 행동을 취했다는 것은 주의할 필요조차 없을 것이다. 절대공간이나 절대운동에 대해 운운할 수 있는 사람은 한 사람도 없다. 그것은 경험 속에 결코 나타날 일이 없는 단순한 공상의 산물이다.

마흐는 경험이나 실험으로 확인할 수 없는 것을 과학의 기초로 삼을 수는 없다고 주장하고 있는 것이다. 확실히 지당한 비판이다.

그는 절대시간에 대해서도 다음과 같이 비판했다.

　물체의 변화를 직접 시간에 근거하여 측정한다는 것은 절대로 불가능한 일이다. 오히려 반대로, 시간은 물체가 변화한다는 것에서부터 우리가 끄집어낸 추상(抽象)인 것이다.

　마흐의 표현은 다소 어렵지만 알기 쉽게 말하면 이런 것이다. 만일 우리 주위의 세계가 전혀 변화하지 않았다고 한다면 시간이라는 개념을 착상할 수 있을까? 모든 물체가 움직이지 않고 생물의 탄생도 성장도 죽음도 없는 세계. 거기에서 시간은 의미가 없을 뿐만 아니라 우리가 상상조차 할 수 없는 개념이다.

　인간 체내의 밤과 낮의 사이클을 조사하기 위해 사람을 창문도 없는 방안에 오랫동안 가두어 놓는 실험이 있다. 밤도 낮도 모르고 아무 변화도 없는 상태에 몇 주 동안 있으면, 사람이 수면을 취하는 시간은 약간씩 처지고 만다. 이 실험은 인간의 생체적인 사이클을 조사하는 것으로서, 지금 문제로 삼고 있는 시간 개념의 기원과 직접적인 관계는 없다. 그러나 변화가 없으면 시간의 감각을 파악할 수 없다는 것은 이 실험으로부터도 추측할 수 있다.

　시간이라고 하는 개념은 우리가 물체의 운동이나 생물의 성장으로부터 획득한 것이다. 이 시간을 정확하게 계측하기 위해 우리는 지구의 공전, 자전이나 흔들이의 운동과 같은 주기적인 운동을 이용하고 있다. 이와 같이 주기 운동을 시간의 측정에 이용하는 사정은 전기적인 진동을 이용하는 현대의 디지털 시계에서도 조금도 변하지 않았다.

아인슈타인에게 끼친 영향

마흐의 뉴턴 역학 비판은 아인슈타인에게 영향을 끼쳤다. 그는 상대성이론의 착상에 대한 마흐의 영향을 다음과 같이 말하고 있다.

"그가 물리학의 기초에 관한 일반적인 태도에 끼친 영향에 대해 이야기하겠습니다. 이것에 관해서 18세기, 19세기에 널리 유포되어 있던 독단적인 태도를 누그러뜨린 것은 마흐의 위대한 공적이었습니다. 그는 특히 역학과 열이론에서, 개념이 경험으로부터 태어나는 것임을 제시하려 했습니다. 그는 이들 개념이 가장 기본적인 것조차도 경험을 통해서만 정당화되는 것이지, 결코 '논리적'인 관점에서부터 필요한 것은 아니라는 사고방식을 납득할 수 있는 형태로 변호했습니다." (A. P. 프렌치 엮음 『아인슈타인』)

더 덧붙인다면, 마흐의 뉴턴 역학 비판은 시간과 공간의 개념에만 머무는 것이 아니었다. 당시 많은 과학자는 뉴턴 역학의 원리에 바탕하여 전자기현상이나 열현상 등의 모든 자연현상을 설명할 수 있다고 하는 '역학적 자연관'의 소유자였다. 19세기에서는 뉴턴 역학만이 완성된 이론이며 전자기, 빛이나 열 분야의 이론은 아직 발전 도상에 있었다. 물리학자들은 뉴턴 역학이야말로 물리이론의 이상적인 모델이며, 다른 모든 이론도 이것을 모범으로 하여 만들어져야 한다고 생각했던 것이다.

이것에 대해 마흐는 뉴턴 역학의 기본 법칙도 실험에 바탕하여 얻어진 것이며 다른 분야의 물리학에 대해 우선권을 갖는 것이 아니라는 것을 강력히 주장했다. 이 점에 관해서도 아인슈타인은 다음과 같이 말하고 있다.

"마흐야말로 그 역학의 역사에서 이 독단적 신념, '역학적 자연관'을 뒤흔들어 놓은 사람이었다. 이 책은 바로 이런 점에서 학생이었던 내게 깊은 영향을 끼쳤다."〔니시오(西尾成子) 엮음, 『아인슈타인 연구』〕

이상이 상대성이론이 탄생하기 전 뉴턴 역학을 둘러싼 상황의 개략이다. 다음 장에서는 상대성이론의 또 다른 실마리가 된 빛을 둘러싼 문제를 돌이켜보고 바로 상대성이론의 기본 원리로 나아가자.

2장
두 가지 원리가 모든 것을 결정한다

1. 기회는 성숙했다

수업을 싫어하는 아인슈타인

취리히 공과대학생이 된 아인슈타인은 수업에 꼬박꼬박 나가는 알뜰한 학생은 아니었다. 그렇다고 물론 놀고 있는 것도 아니었다. 그는 혼자서 맥스웰이나 헤르츠의 전자기학 등 최신 물리학을 공부하고 있었다. 대학의 수업은 그에게 좀 고리타분하게 느껴졌던 것이다.

또 그는 시험이 싫었다. 자기가 의문으로 생각하는 일, 자신의 과제를 직선적으로 추구해 나가는 것이 그가 가장 좋아하는 일인데 시험은 그것에 방해가 되었기 때문이다. 그의 머릿속에는 해결되지 않은 물리학 문제가 이미 소용돌이치고 있었을 것이다. 그에게는 졸업시험이 매우 고통스러웠던 모양이다. 그 후 1년쯤은, 물리학을 생각조차 하기 싫어했을 정도였다.

한편, 실험은 무척 좋아하여 많은 시간을 물리실험실에서 보냈다.

독학을 좋아했다고는 하지만 아인슈타인이 완전히 고독했던 것은 아니었다. 학생 시절에 그는 몇 사람의 귀중한 친구를 얻었다. 그중에는 장래의 아내가 되는 M. 마리치, 그리고 시험을 치기 전이면 강의 노트를 빌려주었던 M. 그로스만이라는 평생의 친구도 있었다.

직장을 얻지 못한 아인슈타인

졸업 후, 아인슈타인은 대학의 조수 자리를 얻으려고 했다. 그러나 학생 시절의 그는 교수들에게 그다지 좋은 인상을 주지 못했기 때문에, 친구들은 조수 자리를 얻었는데도 그는 실업 상태가 되었다. 이 시기에 그의 부친은 사업이 잘되지 않았고, 가족을 도울 힘이 없는 그의 고민은 심각했다. 아인슈타인의 부친이 과학자 오스트발트에게 보낸 편지에는 다음과 같이 적혀 있다.

　제 아들은 현재의 무직 상태에 대해 무척 괴로워하고 있습니다. 그의 감정은 날로 자신의 경력이 옆길로 빗나가고 있다는 느낌을 깊이 주고 있습니다. 우리처럼 적은 수입에는 자신이 큰 짐이 될 거라는 생각이 그를 짓누르고 있습니다. (파이스)

　아인슈타인은 개인 수업으로 잔돈을 벌어들이거나, 고등학교의 대리 교원을 하며 생활을 꾸려가고 있었다. 그러한 그의 위기를 걱정한 친구 그로스만은 자기 부친에게 부탁하여 아인슈타인에게 스위스 베른에 있는 특허국의 자리를 소개해 주었다. 그로스만에게 보낸 아인슈타인의 감사 편지를 인용해 보자.

　친애하는 마르셀.

　어제 자네 편지를 받았을 때 나는 정말로 자네의 성실성과 따뜻한 친절에 감동했네. 자네는 불운한 작은 새인 옛 친구를 잊지 않았어. 나는 자네와 에라트처럼 좋은 동료는 좀처럼 없을 것이라고 믿고 있네. (C. 제리히 『아인슈타인의 생애』)

　그로스만의 도움으로 간신히 일정한 직장을 얻게 된 아인슈타인은 드디어 과학자로서의 능력을 마음껏 발휘할 수 있게 되었다.

〈그림 2-1〉 청년 시절의 아인슈타인

영광의 올림피아 아카데미

특허국에서 발명 심사관으로 있으면서 아인슈타인은 자신의 연구를 계속했다. 하루 중 8시간은 일, 8시간은 수면, 그리고 나머지 8시간이 식사 등과 연구에 충당되었다. 대학에 취직을 못했던 아인슈타인의 연구를 떠받쳐 주었던 것은 무엇이었을까? 그 자신의 자연 탐구에 대한 정열이 최대 지주였던 것은 틀림없지만 친구들의 존재도 무시할 수 없었다. 베른의 특허국에는 M. 베소라는 훌륭한 토론 상대가 있었다. 뒤에서 언급하듯이 그는 상대성이론의 탄생에 중요한 역할을 한다.

또 아인슈타인은 1903년에 두 사람의 친구들(K. 하비히트, M. 솔로빈)과 올림피아 아카데미라는 서클을 만들었다. 이 서클에서 그들은 자연과학과 철학 책을 함께 읽으면서 자유로운 토론을 벌였다. 토론은 흔히 밤을 지새우며 계속되었고, 새벽에는 스위스의 아름다운 자연을 함께 산책하며 즐겼다. 그들이 읽은 책 중에는 E. 마흐의 뉴턴 역학을 비판한 책도 있었다.

2장 두 가지 원리가 모든 것을 결정한다 39

아인슈타인이 고독한 사람이라고 불리는 일도 있지만, 상대
성이론이 태어날 적에 친구들과의 토론이 수행한 역할은 큰 것
이었다.

2. 두 가지 원리

빛의 속도를 측정

상대성이론에서는 빛이 매우 중요한 역할을 한다. 그래서 아
인슈타인 시대에 빛에 대해 알고 있던 것을 간단히 살펴보기로
한다.

빛에 대한 첫 번째 문제는 그 속도이다. 빛은 너무 빠르기
때문에 옛날에는 그 속도가 무한대라고 생각했다. 광속의 측정
에 처음으로 도전한 것은 갈릴레이다. 그의 측정 방법은 다음
과 같은 간단한 것이었다.

두 사람에게 등불을 들게 한다. 먼저 2, 3m 간격으로 서로
마주 보게 하여 한쪽이 등불의 덮개를 벗긴다. 다른 한쪽은 상
대의 빛을 보는 즉시 자기 등불의 덮개를 벗긴다. 이것을 서로
반복하는 훈련을 한다. 익숙해지면 한쪽이 덮개를 벗기자마자
바로 상대로부터 되돌아오는 빛을 볼 수 있게 된다. 이 훈련을
한 뒤 두 사람을, 이를테면 1㎞ 떨어진 자리에 서게 하여 등불
을 여닫는 시간 간격을 측정한다.

이 실험을 한 결과 시간 간격의 차는 보이지 않았다. 갈릴레
이의 결론은 빛이 전해지는 것은 거의 순간적이라는 것이었다.
갈릴레이의 이 실험을 너무 유치하다고 웃어넘겨서는 안 된다.

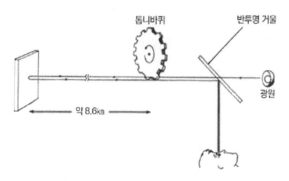

톱니바퀴　　　반투명 거울

광원

약 8.6㎞

〈그림 2-2〉 피조의 광속 측정 실험

흔들이 시계도 없었던 시대라는 사실을 잊어서는 안 된다.

갈릴레이의 실험은 실패였지만 그 의의는 자못 크다. 그것은 빛의 속도를 그저 이치로만 생각하지 않고 실험으로 조사하려 했던 점이다.

광속의 측정에 처음으로 성공한 것은 O. 뢰머이다(덴마크, 1676년). 그는 목성의 위성이 목성 그늘에 숨는 시각(즉 '식'이 일어나는 시각)이, 목성이 지구로부터 멀어짐에 따라서 늦어진다는 것에 착안하여 빛의 속도가 유한하다는 것을 확인했다.

그러나 뢰머의 측정은 천체를 이용한 것으로 지상의 실험 장치에 의한 것은 아니었다. 지상에서 처음으로 광속의 측정에 성공한 것은 H. 피조(프랑스)이다(그림 2-2).

그는 회전하는 톱니바퀴의 이빨 사이로 빛을 통과시켜 빛을 절단하고, 그것을 8.6㎞쯤 떨어진 거울에서 반사시켜 되돌아온 빛이 톱니바퀴의 이빨에 걸리는지를 관측해서 광속을 구했다 (1849). 그가 얻은 값은 3.13×10^8이다.

현재 진공 속의 광속은 아주 정밀하게 측정되어 있는데, 그

값인 c는

$$c = 2.99792458 \times 10^8 m/s$$

이다. 이 값은 거의 $3 \times 10^8 m/s$이며 기억하기 쉽다. 또 공기 속의 광속은 진공 속의 값보다 0.03%쯤 작지만, 이 책에서는 공기 속의 광속이 진공 속의 광속과 같다고 생각하기로 한다.

입자설과 파동설

빛에 대한 두 번째 문제는 그 정체이다. 빛의 정체에 대해서는 크게 나누어 두 가지 설이 있었다. 하나는 뉴턴의 후계자들에 의해 제창된 빛의 입자설이다. 또 하나는 C. 하위헌스(네덜란드), T. 영(영국) 등에 의해 제창된 빛의 파동설이다. 이 두 설은 약 200년에 걸쳐 대립하고 있었으나 A. 프레넬(프랑스)에 의한 회절(빛이 장애물의 그늘로 돌아드는 현상)의 연구, L. 푸코(프랑스)에 의한 수중 광속도의 측정 실험(1850) 등에 의해 파동설이 옳다는 것을 알았다.

빛이 파동이라는 것은 일상생활 속에서는 간접적으로밖에 볼 수 없다. 빛의 파장이 너무 짧기 때문이다. 비눗방울이나 웅덩이에 떠 있는 기름의 줄무늬 모양은 빛의 파동이 겹쳐져 서로 보강하거나 소멸하는 것을 원인으로 생긴다. CD(콤팩트 디스크)의 아름다운 7가지 빛깔도 빛의 파동성이 원인이다.

또 전자기에 관한 연구로부터 빛의 정체에 대한 전혀 새로운 사실을 알았다. 전자기학을 완성한 J. 맥스웰(영국)은 1861년, 전자기파의 존재를 예언하고 그 속도가 광속과 일치하는 데서부터 빛은 전자기파의 일종이라는 설을 제창했다. 맥스웰의 예언은 1888년 H. 헤르츠(독일)의 실험에 의해 확인되어 빛은 전자기적인 파동이라는 것이 확실해졌다.

빛은 전자기파의 일종이다. 라디오나 텔레비전의 전파도, 병원 등에서 사용하는 X선도 모두 전자기파의 한 무리이다.

그러나 문제는 이것으로 끝나지 않았다. 광파, 즉 전자기파를 전달하는 물질이 무엇이냐고 하는 커다란 문제가 남겨진 것이다.

마이컬슨-몰리의 실험

바다의 파동이든 음파이든 모든 파동은 어떠한 물질 속을 파한다. 파동이란 물질을 전파해 가는 진동이다. 빛의 정체가 파동이라는 것을 알면 당연히 진공 속에서 광파를 전파하는 물질이 무엇이냐는 것이 중요한 문제가 된다. 과학자는 광파를 전달하는 물질이 우주 공간을 채우고 있다고 생각하고 그것을 에테르라고 명명했다. 에테르에 대해서는 여러 가지 설이 있었으나 지구 등과 함께 운동하는 것이 아니라, 우주 공간에 정지해 있다고 하는 '정지 에테르설'이 과학자들 가운데서 주류를 이루었다.

진공 공간에 존재한다는 매우 희박한 물질, 에테르를 발견하는 것은 매우 어려울 것 같다. 그러나 지구의 공전 운동이나 자전 운동을 생각하면 검출할 가능성이 있다. 만일 지구가 에테르에 대해 움직이고 있다면 빛의 속도는 그 빛이 오는 방향에 따라 달라질 것이다(그림 2-3).

에테르의 존재와 그것에 대한 지구의 속도를 찾아내려는 실험은 많이 있었다. 가장 유명한 것은 A. A. 마이컬슨과 E. W. 몰리(미국)의 실험(1887)이다. 두 사람은 교묘한 장치를 연구하

〈그림 2-3〉 움직이고 있는 지구 위에서 광속을 측정하면⋯⋯

여 에테르에 대한 지구의 운동 속도를 발견하려 했다. 즉, 지구의 자전 운동이나 공전 운동이 빛의 속도에 어떤 영향을 주는가를 조사했다. 그러나 실험 결과는 많은 과학자의 예상과 달리 빛은 언제나 같은 속도라는 것이었다. 이 결과는 에테르를 찾아내려 하고 있던 당시의 과학자를 크게 괴롭혔다.

마이컬슨-몰리의 실험은 아인슈타인의 상대성이론 형성에 큰 영향을 끼쳤다고 흔히 말한다. 그러나 이 점에 대해 아인슈타인은 다음과 같이 말하고 있다.

"상대론이 나의 생활의 전부였던 7년간, 그의 실험이 내게 직접 영향을 주었다고 의식한 일은 없습니다. 그것이 진실인 것은 당연한 일로 보고 있었다고 생각합니다." (파이스)

이것은 뜻밖의 발언이다. 아인슈타인은 에테르에 대한 지구의 운동을 검출하려는 몇몇 실험이 실패로 끝났다는 것을 알고 있었다. 그중에는 마이컬슨의 초기 실험도 포함된다. 그러나 그는 가장 유명한 1887년의 마이컬슨-몰리의 실험은 알지 못했던 것 같다. 그런데도 불구하고 아인슈타인은 어느 시기 이후부터 에테르는 존재하지 않는다고 확신하고 있었다. 그리고 이것이 그와 다른 물리학자를 구별하게 하는 결정적인 차이점이었다.

상대성원리

당시의 일류 과학자들이 에테르 문제로 고민하고 있었을 때 아인슈타인은 전혀 다른 관점에서 이 문제에 도전했다. 그는 기본 원리로 돌아가서 물리학을 재건하는 길 외에는 에테르와 같은 문제의 모순이 해결되지 않을 거라고 생각하고 있었다.

그때 아인슈타인의 고민은 다른 과학자와는 다른 데에 있었다. 그는 뉴턴의 역학과 맥스웰의 전자기학 사이에 넘기 어려운 원리적인 모순이 있고, 물리학 전체가 위기에 직면해 있다고 생각했다. 이 점에 대해서는 바로 뒤에서 고찰하기로 하고, 우선 그가 물리학의 기초에 두었던 두 가지 원리를 살펴보기로 하자.

아인슈타인은 물리학의 기본 원리의 첫 번째 것으로서 갈릴레이의 상대성원리를 확장한 원리를 모든 이론의 기초로 삼았다. 그것이 다음과 같은 아인슈타인의 특수상대성원리이다.

'모든 관성계는 동등하고, 거기에서의 물리법칙은 모두 같다.'

갈릴레이와의 차이는 명백할 것이다. 아인슈타인은 역학뿐만 아니라 모든 물리이론에 상대성원리가 성립한다고 했던 것이

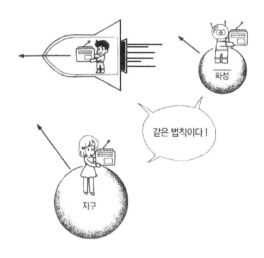

〈그림 2-4〉 아인슈타인의 상대성원리

다. 여기에서 아인슈타인이 가장 의식하고 있는 물리이론은 역학 외에 전자기학과 광학이다.

사실 모든 관성계에서 물리법칙이 모두 같다고 하는 상대성원리 자체는, 이미 1904년에 H. 푸앵카레(프랑스)에 의해 제창되었다. 그러나 푸앵카레는 에테르의 존재는 당연하며, 에테르에 대해 정지해 있는 특별한 좌표계(절대 정지계)가 있다는 입장에 섰으므로, 상대성원리를 물리이론의 기초로 앉힐 수는 없었다. 이것에 대해 아인슈타인은 모든 관성계가 동등하다는 것이 물리학의 가장 기본적인 원리라는 것을 분명히 간파했다. 그는 에테르와 특권적인 절대 정지계의 존재를 단호히 부정하고, 이 원리를 모든 물리이론의 기초에 앉혔던 것이다(그림 2-4).

돌이켜보면, 아인슈타인의 상대성원리는 뉴턴의 절대공간을 부정하고 있는 것을 알 수 있다.

 서로 등속직선 운동을 하고 있는 관성계는 모두 같은 권리를 지녔으며, 절대적인 관성계는 존재하지 않는다고 주장하고 있는 점이 이 원리가 상대성원리라고 불리는 이유이다.

 상대성원리가 사물이 모두 상대적이라고 주장하는 것은 아니다. 오히려 어느 관성계로부터 보아도 물리법칙이 같은 형태를 하고 있다고 말하고 있으므로, 뒤집으면 물리법칙이 절대적이라고 주장하는 것이 된다.

 상대성원리는 극히 자연스러운 원리이다. 이 원리가 성립하지 않으면 물리법칙이 관성계마다 달라지는 것이 된다. 달이나 화성에 갔을 때는 다른 법칙이 성립되어, 하나하나씩 다른 이론을 만들어야 한다. 그래서는 큰일이다. 상대성원리는 물리학(그리고 모든 자연과학)이 성립하기 위해 필수 불가결한 원리이다. 바꿔 말하면 이 원리는 우리 인간이 자연을 소수의 법칙으로 이해할 수 있다는 것을 보증하고 있는 원리이다.

광속도 불변의 원리

 아인슈타인이 물리이론의 기초에 앉힌 또 하나의 원리는 광속도 불변의 원리이다. 그것은 다음과 같이 나타낸다.

 '관성계에서 관측하면, 빛은 진공 속에서 항상 광원의 운동 상태에 좌우되지 않고 일정한 속도 c로 진행한다.'

 이 원리는 지상의 관성계로부터 보면 정지한 광원으로부터의 빛도, 고속으로 접근해 오는 우주선(宇宙船)으로부터의 빛도 같은 속도인 c로 보인다는 것을 주장하고 있다(그림 2-5). 이것뿐이라면 이 원리는 그다지 이상하지 않을지 모른다. 음파가 공

〈그림 2-5〉 광속도 불변의 원리 (1)

기 속을 전파할 때도 그 속도는 음원의 운동과 무관하며, 매초 약 340m이므로 광파도 음파도 같은 성질을 지니고 있다고 생각할 수 있다.

　그러나 이 원리가 주장하고 있는 것은 그뿐이 아니다. 이번에는 고속으로 진행하고 있는 우주선을 타고 지상에 정지해 있는 광원으로부터의 빛을 관찰해 보자. 우주선이 지상에 대해 등속으로 진행하고 있으면 우주선도 관성계이다. 상대성원리에 의하면 모든 관성계는 동등하므로 광속도 불변의 원리는 우주선에 고정된 관성계에서도 성립할 것이며, 지상에 있는 광원으로부터의 빛의 속도는 역시 c이다. 음파의 경우는 이렇게 되지 않는다. 음파는 공기에 대해 매초 340m의 속도로 진행하기 때문에 이동 중인 탈것에서부터 보면 그 속도는 변화한다. 즉, 광속도 불변의 원리는 음파를 전파하는 공기에 대응하는, 빛을 전하는 물질 에테르의 존재를 부정하고 있는 것이 된다.

　이 원리에 의하면 마이컬슨처럼 지구의 운동에 의한 광속의

〈그림 2-6〉 광속도 불변의 원리 (2)

변화를 발견하려는 시도는 무의미하다는 것을 알 수 있다. 지
구가 관성계인 한 모든 광원으로부터의 빛의 속도는 c이기 때
문이다.

　보다 의외의 예를 들어 보자. 이번에는 또 한 대의 우주선이
앞에서 든 우주선과 반대 방향으로 비행하고 있다고 하자. 그
우주선이 낸 빛을 앞의 우주선이 관측하더라도 빛의 속도는 역
시 c이다. 다시 말하면 이 빛을 지상에서 관측하더라도 광속은
c로 변함이 없다(그림 2-6). 지상도 우주선도 관성계이다. 여기
에서 우리는 광속에 상대성원리를 적용하고 있다. 상대성원리
가 옳은 한 어느 관성계에서 광속을 관측하더라도 진공 속에서
는 광속이 항상 c이다. 소리가 공기 등의 물질(매질)을 전파해
가는 데 대해 빛은 진공 자체를 매질로 하여 전파하는 것이다.
하지만 광속도 불변의 원리는 이상한 원리이다. 누구든 어리둥
절하지 않을 수 없다. 다름 아닌 아인슈타인 자신이 이 문제로
고민했던 것이다.

아인슈타인을 괴롭힌 모순

상대성원리와 광속도 불변의 원리—이 두 가지 원리는 아인 슈타인에게는 의심할 바 없는 기본 원리라고 생각되었다. 그러나 곰곰이 생각해 보면 광속도 불변의 원리는 뉴턴 역학의 속도합성법칙과 모순되고 있다. 거기에 우리가 당혹감을 느끼는 원인이 있다. 중요한 대목이므로 다시 한 번 확인해 보자. 앞(2장 두 가지 원리 참조)에서 언급한 역학의 속도합성법칙을 그대로 광속에 적용한다. 어느 관성계로부터 보아서 빛이 x축의 플러스 방향으로 속도 c로 진행하고 있으면, 그 관성계에 대해 속도 v로 x축의 플러스 방향으로 이동하고 있는 관성계로부터 보면 광속은 c-v가 될 것이다. 반대로 x축의 마이너스 방향으로 속도 v로 이동하고 있는 관성계로부터 보면 광속은 c+v가될 것이다. 그러나 모든 실험은 어느 경우에도 광속은 c라는 것을 가리키고 있으며 광속도 불변의 원리를 지지하고 있다.

이 문제는 이론적으로 다음과 같이 생각할 수도 있다. 광속도 불변의 원리와 상대성원리를 조합한다. 광속도 불변의 원리는 어느 관성계에 대해 광원이 어떤 운동을 하고 있건 빛, 즉 전자기파의 속도는 모두 일정한 값(c)이라는 것을 주장하고 있다. 전자기파의 속도는 맥스웰의 전자기학으로부터 계산에 의해 이론적으로 이끌어지는 것이다. 상대성원리를 전자기학에 적용하면 다른 관성계에서도 같은 전자기의 법칙이 성립할 것이므로, 거기서도 광속은 c가 될 것이다.

실험과 이론의 결론은 마찬가지여서 역학의 속도합성법칙과 모순된다. 이것은 뉴턴의 역학과 맥스웰의 전자기학이 서로 모순하고 있다는 것을 말해 주고 있다. 이 두 이론은 물리학의 두 개의 기둥이다. 두 이론의 모순은 물리학에서 이보다 더 큰 문제는 없다고 할 만큼 큰 문제였다.

이 문제가 아인슈타인을 1년간이나 괴롭혔다. 그는 일본에 왔을 때 교토(京都)에서의 한 강연(1922)에서 다음과 같이 말하고 있다.

"이 광속도 불변은 이미 우리가 역학에서 알고 있는 속도합성의 법칙에서는 성립되지 않습니다."

"왜 이 두 가지 사항은 서로 모순하는 것일까? 나는 여기에서 매우 큰 곤란에 부딪히는 것을 느꼈습니다. 나는…거의 1년간을 효과도 없는 고찰에 소비해야 했습니다. 그리고 내게는 이 수수께끼가 쉽게 풀리지 않을 것이라는 생각을 할 수밖에 없었습니다."〔이시하라(石原純)『아인슈타인 강연록』〕

아인슈타인은 이 문제를 특허국의 동료이며 친구인 M. 베소에게 상의했다.

"어느 아름다운 날이었습니다. 나는 그를 찾아가서 이렇게 말했습니다. '나는 요즘 도무지 알 수 없는 문제를 한 가지 갖고 있네. 오늘은 자네에게 그 전쟁을 들고 왔네.' 나는 그와 여러 가지 토론을 시도해 보았습니다. 나는 그것으로 갑자기 훤히 깨우칠 수가 있었습니다. (중략) 나의 해석이라는 것은, 바로 시간의 개념에 대한 것이었습니다. 즉, 시간은 절대적으로 정의되는 것이 아니라, 시간과 신호 속도(광속도) 사이에 떼어놓을 수 없는 관계가 있다는 것입니다. 전에 가졌던 이상한 곤란은 이것으로 완전히 해결할 수 있었습니다."

"이 착상이 있은 후 5주 동안에 지금의 특수상대성이론이 성립된 것입니다."

1905년, 아인슈타인이 스물여섯 살 때 '운동 물체의 전기역학'이라 이름 붙여진 상대성이론의 논문이 이 세상에 등장했다.

문제의 핵심

아인슈타인이 숙고한 문제의 핵심은 이러하다. 물체의 속도라는 것은 물체가 진행한 거리를 그동안에 걸린 시간으로 나눈 것이다. 즉

$$속도 = \frac{거리}{시간}$$

이다. 광속의 경우 속도에 대한 역학의 합성법칙이 성립하지 않는다는 것은, 속도의 정의에 바탕이 되는 시간 그리고 거리의 상식적 개념, 바꿔 말하면 절대시간과 절대공간의 개념에 잘못이 있지 않을까? 시간과 공간의 개념 변경, 거기에 문제의 핵심이 있다. 아인슈타인은 친구와의 토론 중에 그것을 깨우쳤던 것이다.

속도가 느린 일상적인 현상에서는 보통의 속도합성법칙

$$u + v$$

가 성립한다. 한편 광속에서는 이것과는 달리

$$c + v \rightarrow c$$

가 성립한다(그림 2-7). 광속도 불변의 원리가 성립하기 위해서는 이 두 가지 요청을 만족시키는 새로운 속도합성법칙이 필요하다. 그러나 그런 편리한 것이 있을까? 사실은 의외로 상대성원리와 광속도 불변의 원리라고 하는 두 가지 원리로부터 이

〈그림 2-7〉 속도합성법칙의 모순

같은 속도합성법칙이 자연히 이끌어지는 것이다.

이리하여 드디어 상대성이론의 핵심이 모습을 드러낸다. 그 내용을 유명한 시간의 지연, 공간의 수축 등과 더불어 이제부터 살펴보기로 하자.

주의해야 할 한 가지가 있다. 그것은 우선 '속도는 덧셈'이라는 생각을 버려야 한다. 새로운 속도합성법칙이 나올 때까지, 이 상식을 잊어버릴 필요가 있다. 불안한 느낌은 남지만 이 불안은 아인슈타인 자신이 느꼈던 불안이다. 뉴턴의 속도합성법칙을 대신하여 우리가 의존하는 것은 어디까지나 광속도 불변의 원리이다.

3장
뒤집어지는 시간의 상식

1. 최대 속도로서의 광속

광원 회전의 패러독스

빛은 자연계에서 가장 빠른 것으로 그 이상의 속도로 물체를 움직이거나 신호를 전달할 수 없다. 광속도 불변의 원리에는 광속이 최대 속도라고 하는 주장이 포함되어 있다. 광속 이상으로 움직일 수 없다는 것은 초등학생이라도 어렴풋이 알고 있는 것 같지만 이 사실은 상대성이론을 이해하기 위해 매우 중요하다.

그러나 정말로 광속을 넘을 수 없을까? 가령 다음과 같은 일이 가능하다면 어떨까?(그림 3-1)

레이저 광원을 지구 위에서 회전시켜 본다. 또 하나, 지구를 원형으로 둘러싸는 띠 모양의 스크린을 준비한다. 레이저를 스크린을 향해 회전시키면, 스크린 위에 레이저의 스폿(점)이 나타나 회전한다. 이 원형 스크린의 반경을 차츰 크게 해 가면 스폿의 회전 속도도 커진다.

광속이 매초에 1회전을 한다고 하자. 스폿도 원형 스크린 위를 매초에 1회전한다. 스크린의 반경이, 빛이 1초 동안에 진행하는 거리의 절반인 1.5×10^8m가 되었다고 하자. 스크린의 전체 길이는 잘 알려져 있는 공식,

원둘레의 길이 = 2 × 반경 × 원주율

로 구해진다. 스폿은 1초 동안에 원둘레의 길이만큼 이동한다. 즉, $2 \times 1.5 \times 3.14 \times 10^8$m를 이동한다. 이것은 광속의 3.14배다. 이리하여 간단히 광속을 넘을 수 있다. 이것은 광속이 자연

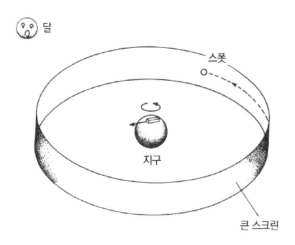

〈그림 3-1〉 광원 회전의 패러독스

계의 최대 속도라고 하는 것과 모순되지 않는가?

이 스크린의 반경, 1.5×10^8m는 15㎞로 지구에서 달까지의 거리 384,400㎞보다 짧다. 현재는 레이저 광선이 달까지 도달하기 때문에 스크린에도 충분히 도달한다. 스크린을 만드는 것은 어렵지만, 만일 만들 수만 있다면 스폿이 광속 이상으로 움직일 것은 틀림없다.

그러나 이 실험에 의해 광속을 넘어섰다고는 말할 수 없다. 광속이 자연계의 최대 속도라는 것의 의미는, 광속 이상으로 물체를 움직이거나 신호(즉 정보)를 전달할 수 없다는 것이다. 신호나 정보를 전달한다는 것은 어떤 사건이 일어난 것을 다른 지점으로 전달하는 일이다. 스폿이 광속 이상으로 이동하더라도 스크린 위에서 물질이라든가 정보가 이동하는 것은 아니다. 레이저 광선에 정보가 실려 있다고 하더라도, 그 정보는 지구로부터 스크린을 향해 광속으로 운반될 뿐이다. 스크린까지의 거리가 광속의 절반이므로 0.5초가 지나지 않으면 레이저를 갑자기 멈춰도 빛이 멎었다는 정보는 스크린에 도착하지 않는다.

광속을 넘을 수 없다는 것은, 곧 광속은 자연계의 최대 신호 전달 속도라는 것을 말하는 것이다.

쌍성으로부터의 빛

광속도 불변의 원리는 상대성이론의 기본 원리이므로 그것을 실험으로 확고하게 확인해야 할 필요가 있다. 1912년에 W. 더 시터르(네덜란드)는 쌍성으로부터의 빛의 속도로 이 원리가 옳은 지를 조사했다. 쌍성이라고 하는 것은 두 개의 항성이 서로 끌어당기면서 돌고 있는 것으로 우주에는 많이 있다. 〈그림 3-2〉와 같이 쌍성의 하나가 지구에서 멀어질 때와 지구로 접근할 때에 따라서 빛의 속도가 변화하는지 아닌지가 문제이다. 더 시터르는 광속이 별이 움직이는 속도의 영향을 받지 않고 어느 경우에도 같다는 것을 확인했다.

또 지구 위 고속 입자로부터의 빛의 속도를 조사하는 실험이 1964년 CERN(세른 : 유럽원자핵공동연구소)에서 T. 알바거에 의해 실시되었다. 이 실험에서는 광속의 99.75%의 속도를 갖는 중간자라는 입자가 붕괴할 때에 발생하는 빛의 속도가 측정되었다. 이와 같은 경우에도 광속은 c이며 입자 속도에 영향을 받지 않는다는 것이 확인되었다.

이상의 실험은 광원이 이동하는 경우의 검증 실험이지만, 반대로 관측하는 쪽이 이동하고 있는 경우는 어떠할까? 이와 같은 검증은 지구의 운동을 이용하는 마이컬슨-몰리 유형의 실험에서 매우 높은 정밀도로 행해지고 있다. 1979년 A. 브릴르,

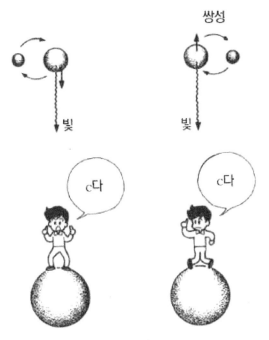

〈그림 3-2〉 쌍성으로부터의 광속을 측정한다

J. 홀은 지구의 운동이 광속에 영향을 미치지 않는다는 것을 오차 10^{-15} 이하라는 정밀도로 확인하고 있다.

이상과 같이 광속도가 불변한다는 것은 확실하지만 '왜 자연계에서 광속이 최대 속도이고 이것을 넘지 못하느냐'고 하는 의문은 남는다. 이 의문에는 자연계가 그렇게 되어 있기 때문이라고밖에 대답할 수 없을지 모른다.

개미처럼 느린 광속

광속은 매우 커서 일상생활에서는 무의식적으로 무한대라고 생각하게 된다. 우리가 광속, 즉 전자기파의 속도가 유한하다고 느끼는 것은, 통신위성을 통해서 국제전화로 대화할 때나 뉴스 해설자가 대화하고 있는 것을 보는 정도일 것이다. 통신위성과의 사이를 왕복하는 데에 전자기파는 약 0.2초가 걸린다.

달과 지구 사이의 거리는 레이저 광선을 사용하여 정밀하게 측정할 수 있다. 빛이 달과 지구 사이를 왕복하는 데는 약 2.6초가 걸리고 태양으로부터 빛이 지구에 도달하는 데는 약 8분이 걸린다.

태양계 밖으로 눈을 돌리면 광속은 느린 것이 된다. 태양에 가장 가까운 항성 켄타우루스(Centaurus)자리의 프록시마(Proxima)별의 빛은 태양계에 도달하는 데에 4.3년이 걸린다. 빛이 1년간 진행하는 거리를 1광년이라고 부른다. 그러므로 이 별은 지구로부터 4.3광년 떨어져 있다. 태양은 2000억 개쯤의 항성집단에 소속해 있으며 이 집단이 우리 지구가 속하는 은하계이다. 하늘에 보이는 별의 대부분은 우리 은하계에 속해 있다. 빛은 이 은하계를 가로지르는 데에 약 10만 년이 걸린다. 1987년에 초신성의 폭발이 관측된 대마젤란(大 Magellan)성운은 약 17만 광년 앞쪽에 있다.

은하계는 우주에 많이 있다. 제일 유명한 안드로메다은하는 200만 광년 이상이나 떨어져 있다. 그래도 안드로메다은하는 우리 은하계에 가까운 은하계다. 현재는 지구로부터 백수십억 광년의 범위에 매우 많은 은하계가 있는 것으로 생각하고 있다.

이와 같이 우주적 규모에서 보면 광속은 개미처럼 느리다. 광속이 유한하다고 하는 감각은 상대성이론을 이해하기 위한 가장 중요한 포인트다.

2. 시간의 지연

은하철도를 타고

일본의 시인이자 동화 작가로 유명했던 미야자와(宮澤賢治)의 대표작 『은하철도의 밤』에서는, 은하수의 별 속을 열차가 덜커덩덜커덩 달려간다. 그것은 이 세상으로부터 저세상으로 달려가는 열차로, 은하수는 무한히 투명하고 희박한 별의 강으로 묘사되어 있다. 그 세상은 아름답고 구슬프다.

은하철도의 이미지는 역시 일본의 유명한 만화가 마쓰모토(松本零士)의 SF 만화 『은하철도 999』에 영향을 끼치고 있다. 거기에서는 열차가 별들의 스테이션에서 발진할 때, 어느 틈엔가 레일을 벗어나 우주 공간을 자유로이 진행한다. 거기에서는 로맨틱한 드라마가 펼쳐진다.

물리학이 그려 내는 우주 공간은 무한히 진공에 가까운 세계이다. 인간은 우주복 없이는 살아갈 수 없다. 그러나 거기에 열차 모양을 한 우주선을 달리게 하는 것은 가능하다. 동력이 없더라도 열차는 관성의 법칙에 의해 언제까지고 계속해 달려간다. 그것은 이상적인 관성계이며, 우리에게는 동화나 SF와는 또 다른 의외의 세계를 보여 준다.

우주를 항행하는 은하철도를 타면 어떤 세계가 펼쳐질까?

달려가는 시계의 지연

먼저 유명한 시계의 지연에 대해 생각해 보자. 질주하는 은하철도 열차 안에 있는 시계에는 어떤 일이 일어날까?

시계라는 것은 앞에서도 말했듯이 어떠한 주기적인 운동을

〈그림 3-3〉 열차 안의 사람이 광시계를 보아도 플랫폼의 경우와
마찬가지로 진행한다

이용하고 있다. 원자시계라고 하는 정확한 시계도 원자나 분자
의 빛의 진동을 이용하고 있다.

여기서 가장 단순한 시계를 소개하겠다. 이 시계는 두 개의
거울을 마주 보게 하여, 한쪽 거울에 플래시와 빛을 감지하는
소자(素子)를 설치한다. 거울 사이로 빛을 왕복시켜 그 왕복 횟
수로 시간을 측정하려는 것이다. 이 시계는 광시계 또는 R. 파
인만(미국)의 이름을 따서 파인만 시계라 불린다. 다만, 광시계
는 이론상의 시계로 실제로 이용되고 있는 것은 아니다.

지금 똑같은 구조의 광시계 두 개를 준비하여 하나를 우주
공간 은하 스테이션의 플랫폼에 두고, 또 하나를 고속으로 달
려가는 은하철도 열차 안에 둔다. 이 두 개의 시계가 진행하는
방법을 플랫폼에 서 있는 향아와 열차 안의 상훈이 조사하는
것으로 하자(그림 3-3). 향아가 플랫폼에 둔 광시계를 본다. 상
훈이는 열차 안의 시계를 본다. 어느 경우도 빛은 바로 위로
진행하고, 반사되어 바로 아래로 되돌아오므로 두 시계의 진행

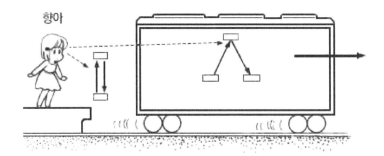

〈그림 3-4〉 플랫폼으로부터 달려가고 있는 열차 안의 광시계를 보면,
천천히 진행하는 듯이 보인다

방법은 같다. 이것은 당연한 것 같지만 확실히 확인해 두자. 그
리고 이때 상대성원리가 무의식 중에 사용되고 있는 것에 주의
하자. 플랫폼과 열차의 관성계는 동등하며, 각각의 관성계로부
터 자신의 시계를 보는 한 그 진행 방법에는 차이가 없다.

그러나 향아가 플랫폼의 광시계와 열차 안의 광시계를 비교
하면 사태는 완전히 달라진다(그림 3-4). 열차 안의 광시계 아
래쪽 거울에 설치한 플래시에서 나간 빛은, 열차가 우로 이동
하고 있으므로 오른편 위쪽으로 비스듬히 진행한다. 그 빛이
위에 있는 거울에 도달하기 위해서는 플랫폼의 광시계보다 긴
거리를 진행해야 한다. 따라서 위에 있는 거울에 도착하는 것
이 늦어진다.

여기서 광속도 불변의 원리가 사용되는 것에 주목하자. 향아
는 플랫폼의 관성계에 서 있으므로, 거기에서 본 빛의 속도는
바로 위로 진행하는 경우도 비스듬히 진행하는 경우도 일정한
값 c이다.

빛이 위에 있는 거울에 닿았다가 되돌아올 때도 사태는 같

다. 따라서 향아는 열차 안의 광시계 쪽이 플랫폼의 광시계보다 느리게 진행한다고 판단한다. 이것이 달려가고 있는 시계의 지연이다.

'아니야, 광시계라는 이상한 시계를 사용하니까 그런 거지 보통의 시계라면 뒤지지 않을 거야'

하고 반론할지 모른다. 그러나 보통의 시계도 광시계와 완전히 같은 속도로 뒤지게 된다고 단언할 수 있다. 그 이유는 상대성원리가 있기 때문이다. 만일 광시계와 다른 시계의 속도가 처지는 사태가 생긴다면 이것은 큰일이다. 그 처짐의 크고 작음으로부터 열차의 속도를 측정할 수 있을 것이다. 그리고 처짐이 일어나지 않는 관성계가 발견된다면 그것은 특별한 관성계라고 할 것이다. 이것은 관성계가 모두 평등하고, 특별한 관성계는 없다고 하는 상대성원리에 모순된다.

공시계를 생각한다면

그러나 광시계뿐만 아니라 모든 시계가 뒤지는 것의 설명이, 방금 말한 것과 같은 까다로운 이치 때문이라고 한다면 도무지 친근감이 없을 듯하다. 또 비스듬히 진행하는 빛의 속도가 불변한다는 것도 속도합성법칙과의 관계로 보아 이해하기 힘든 점이 있다. 그래서 광시계에 대해 좀 더 캐고 들어가 생각해 보기로 하자.

달려가는 열차 안의 광시계를 향아가 볼 때, 비스듬히 진행하는 빛의 속도는 c라고 했다. 그러나 상훈이가 열차 안에서 바로 위로 진행하는 빛을 관측할 때 c였으므로 무언가 이상한

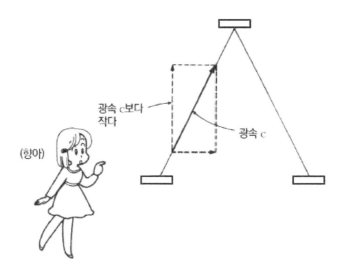

〈그림 3-5〉 향아가 볼 때 광속의 수직 성분은 c보다 작아진다

마음이 든다. 그러나 이 두 가지 현상은 모순되지 않는다.

　향아가 본 빛의 속도를 열차의 진행 방향의 성분과 그것에 수직인 방향의 성분으로 분해해 보자(그림 3-5). 그러면 비스듬한 방향의 광속이 c이므로 수직인 방향의 광속의 성분은 c보다 작은 것이 된다. 이것은 광속도 불변의 원리가 옳기 때문에 사실이다. 이것에 대해 우리가 저항감을 느끼는 것은 역시 뉴턴식 속도 합성의 감각이 있기 때문이다. 향아가 보았을 때 열차의 속도와 광속을 합성하고 싶어진다. 그러나 그렇게 해서는 안 된다.

　지상에서 보면, 열차의 진행 방향으로 수직인 속도 성분이 작아진다는 것은 사실 빛에 한한 것만은 아니다. 광시계 대신 '공시계'라는 것을 생각해 보자. 구조는 광시계와 같지만 빛을 공으로 대체하고, 거울은 공을 완전히 반사하는 반사판으로 대체한 것이다. 이것으로도 공의 왕복 운동을 이용하여 시간을 측정할 수가 있다.

공시계도 광시계와 마찬가지로 지상에서 보면 느릿하게 진행한다. 그것은 역시 공의, 열차의 진행 방향으로 수직인 속도 성분이 작아지기 때문이다. 여기에서도 우리는 뉴턴식의 속도합성법칙으로부터 자유로워질 필요가 있다.

또 다른 종류의 시계라도 같은 속도로 달려가고 있으면, 같은 속도로 뒤진다고 하는 상대성이론의 중요한 결론은 실험에서도 물론 확인되었다(1960년 V. 휴즈 외).

아인슈타인의 '정지계'

또 하나 중요한 점을 언급해 두자. 시간의 지연 등의 문제를 생각할 때 중요한 일은, 우리가 어떤 관성계에 서서 사물을 생각하고 있는가를 분명히 하는 일이다. 자칫하면 우리는 향아와 상훈의 상태를 제3자의 입장에서 생각하기 쉽다. 그러나 그런 신과 같은 입장은 존재하지 않는다. 자연현상을 관찰하는 데는 반드시 어떤 좌표계에 서야 할 필요가 있다. 열차 안 시계의 지연을 고찰할 때 우리는 향아의 좌표계에 서서 사태를 생각하고 있다.

이와 같이 우리가 의거하는 좌표계를 분명히 하고 혼란을 피하기 위해, 우리가 관측하고 있는 좌표계를 아인슈타인을 따라 '정지계'라고 부르기로 하자. 이 '정지계'는 물론 절대 정지계와는 다르다. 어디까지나 많은 관성계 중의 하나이지만, 우리가 고찰을 하기 위해 특별히 선택한 좌표계이다.

〈그림 3-6〉 시간의 지연. 플랫폼에서 보면 달려가고 있는 열차 안의 사건은 느릿하게 보인다

시간 지연의 공식

느릿하게 진행하는 것은 시계뿐이 아니다. 달려가고 있는 열차 안의 사건을 플랫폼에 정지해 있는 좌표계로부터 관측하면 모든 사건이 느릿하게 진행하는 것처럼 보인다. 이를테면 물체가 낙하하는 것도 느릿하게 보인다.

지금 열차의 선반에서 한 개의 가방이 떨어져 앉아 있는 사람에게 부딪쳤다고 하자(그림 3-6). 가방의 낙하 시간을 열차 안의 시계와 플랫폼에 정지해 있는 시계로 측정하면 두 시간 사이에는 다음의 관계가 있다.

$$t = \frac{t_0}{\sqrt{1 - (\frac{v}{c})^2}}$$

여기에서

t_0 : 열차 안의 시계로 잰 가방의 낙하 시간

66

t : 플랫폼의 시계로 잰 가방의 낙하 시간

v : 열차의 속도

c : 광속

이 식은 시간 지연의 공식이라 불린다. 이 공식을 보면 분모에 있는

$$\sqrt{1-(\frac{v}{c})^2} < 1$$

이므로 t_0는 t보다도 작다.

$t_0 < t$

즉, 가방은 정지한 시계로 재는 것이 긴 시간 공중을 낙하하고 있는 것이 된다. '뒤지는 것은 시계냐, 시간의 어느 것이냐?'고 하는 의문을 갖는 사람도 있을지 모른다. 플랫폼의 '정지계'로부터 볼 것 같으면, 시계가 느리게 진행하기 때문에 시간도 느리게 진행한다. 그리고 가방의 낙하 속도뿐만 아니라 가방을 피하려는 사람의 움직임도 느려진다. 모든 현상이 마찬가지로 느린 속도로 보이는 것이다.

물체의 낙하나 사람의 운동은 자연법칙을 따른다. 시계도 기계 장치이든 전기 장치의 디지털 시계이든 간에 똑같은 자연법칙을 따른다. 시간이라고 하는 것은 자연법칙을 따르는 시계를 떠나서는 생각할 수 없는 것이다.

'정지계'로부터 보면, 시계의 진행 방법을 포함하여 모든 현상의 속도가 마찬가지로 느려지지만, 열차에 타고 있는 사람에게는 아무것도 달라지지 않는다. 열차도 하나의 관성계이므로

상대성원리가 이것을 보증하고 있다.

이와 같은 시간의 지연은 열차의 속도가 작은 경우에는 거의 문제가 되지 않는다. 이를테면 시속 540km(초속 150m)의 열차라도 시간의 지연은 0.00000000001%밖에 안 된다.

그러나 열차의 속도가 가령 광속의 3/5이라면

$$t = \frac{t_0}{\sqrt{1 - (\frac{3}{5})^2}} = \frac{5}{4} t_0$$

로 25%의 차가 나타난다.

열차의 속도가 광속에 접근하면 할수록 지표에서부터 본 열차 안의 사건은 느릿하게 진행하고, 만일 열차가 광속에 도달했다고 하면 그 안의 사건은 모조리 정지해 보이는 것이 된다.

이와 같은 시간의 지연은 입장을 바꾸어 열차 안에서 플랫폼의 사건을 보았을 경우에도 똑같이 일어난다. 열차 안의 좌표계를 우리의 '정지계'라고 하면, 거기에서 보면 플랫폼의 시계가 달려가고 있는 것이 되어 플랫폼의 시간은 느릿하게 진행하는 것처럼 보인다. 시간의 지연은 두 개의 관성계가 있고 한쪽에서부터 상대를 보면 서로 같게 관측되는 현상이다. 요컨대 피장파장인 것이다.

입자의 수명이 길어진다

달려가고 있는 시계의 지연은 여러 가지 실험으로 확인되었다. 대표적인 것으로 소립자(전자, 양성자, 중성자 등을 일컫는 이름)의 수명에 관한 실험이다. 유카와(湯川秀樹, 일본)가 그 존재를 예언한 중간자라는 입자의 일종에 뮤(μ)중간자라는 소립자가 있다. 이 입자는 우주로부터 오는 우주선(宇宙線 : 우주 공간으로부터 지구에 오는 고에너지의 입자, 거의가 양성자)과 대기의 충돌에 의해 지상 약 10km인 곳에서 만들어진다. 이 입자는 불안정하여 평균 수명 2×10^{-6}초(100만 분의 2초)로 붕괴해 버린다. 이와 같은 짧은 시간으로는, 설사 광속으로 달려갔다고 하더라도

$$3 \times 10^8 \times 2.2 \times 10^{-6} = 660m$$

밖에 진행하지 못한다. 당연히 지표에는 도달하지 않을 터이지만 μ중간자는 지표에서도 관측된다. 이것은 μ중간자가 고속으로 지표에 내려오기 때문에, 지상에서 보면 시간이 느릿하게 진행하여 그 수명이 연장되어 보인다.

이와 같이 입자 수명의 연장은, 현재는 입자를 광속 가까이 가속하는 입자가속기 안에서 아주 예사로이 관측되고 있으며, 상대성이론이 예측하는 값과 잘 일치한다. 그것에 반하는 현상은 발견되지 않았다.

입자 수명의 연장은 의료 세계에서는 이미 응용되고 있다. 암 치료를 위해 방사선을 쐬는 일은 꽤 전부터 실시되고 있다. 이 치료법의 하나에 파이(π)중간자라고 하는 입자를 쐬는 것이 있다. π중간자를 광속에 가까운 속도로 원운동을 시킨다. 이렇게 하면 π중간자를 1개월 이상 보존할 수가 있다. 이와 같은 입자의 보존 장치를 스토리지 링(Storage Ring)이라 한다.

피타고라스의 정리만으로써

이미 시간의 지연에 대한 이유는 이해했으므로 억지로 공식을 이끌어 낼 필요도 없다. 하지만 시간 지연의 공식을 구하는

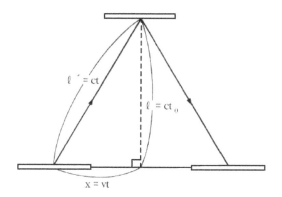

$\langle$그림 3-7$\rangle$ 달려가고 있는 열차 안의 빛의 진행 방법.
플랫폼에서부터 본 그림

것은 어렵지 않고, 흥미를 느끼는 독자도 있을 것이라 생각하
므로 해 보기로 하자. 수식을 싫어하는 독자는 이 대목을 건너
뛰어도 상관없다.

앞에서 다룬 광시계의 상태를 보면 직각삼각형이 있다. 이
직각삼각형에 피타고라스의 정리를 사용하는 것뿐이다. 다만
이때도 우리는 플랫폼의 '정지계'에 서서 사물을 생각한다는 점
을 분명히 해 두자.

달려가고 있는 열차 안의 빛이 진행하는 방법을 정지해 있는
플랫폼에서 본 것이 $\langle$그림 3-7$\rangle$이다. 아래쪽 거울에서 출발한
빛이 위의 거울에 도착하기까지를 생각해 보자.

위아래 거울 사이의 간격을 ℓ 이라고 하자. 열차 안에서 빛
을 관찰하면 빛은 똑바로 위를 향해 진행한다. 열차 안의(광시
계와는 별개의) 시계로 잰 경과 시간을 t_0라고 하면,

$$\ell = ct_0$$

가 된다.

한편 플랫폼에 정지해 있는 사람이 보면 빛은 비스듬히 진행하므로 거울 사이의 거리는 길어진다. 이 거리를 ℓ'라 하면

$\ell' = ct$

가 된다. 다만 시간(t)은 플랫폼에 정지한 시계로 재어 빛이 위쪽 거울에 도달하기까지의 시간이다.

또 이 동안에 열차가 진행하는 거리를 플랫폼에서 잰 값을 x라 하면,

$x = vt$

가 된다.

여기에서 피타고라스의 정리를 사용할 수 있다. 즉,

$\ell'^2 = \ell^2 + x^2$

이것에 앞의 3개의 값을 넣어서

$(ct)^2 = (ct_0)^2 + (vt)^2$

c^2으로 양변을 나누면

$$t^2 = t_0{}^2 + (\frac{v}{c})^2 t^2$$
$$\therefore t_0{}^2 = t^2 - (\frac{v}{c})^2 t^2 = [1 - (\frac{v}{c})^2] t^2$$

마지막으로 양변에 제곱근을 없애면

$$t_0 = \sqrt{1 - (\frac{v}{c})^2} \times t$$

가 된다. 이것을

$$t = \frac{t_0}{\sqrt{1 - (\frac{v}{c})^2}}$$

로 고쳐 쓰면, 시간 지연의 공식이 나온다.

결국 비스듬히 진행하는 빛이 위쪽 거울에 도착하기까지 더 시간이 걸린다는 것이 이 공식의 포인트임을 알았을 것이다.

우주여행의 패러독스

우주선을 타고 40광년쯤 떨어져 있는 항성까지 우주여행을 하기로 하자(그림 3-8). 광속은 넘을 수 없으므로 아무래도 40년 이상이 걸릴 듯이 생각된다. 이를테면 광속의 5분의 4, 매초 24만 킬로미터로 진행하더라도

$$40 \times \frac{5}{4} = 50년$$

이 걸릴 것으로 생각된다. 이것은 사실일까?

지구에서 봤을 때 우주여행의 경과 시간은 확실히 이렇다. 그러나 우주선에 타고 있는 사람에게는 여행 시간이 달라진다. 시간 지연의 공식으로부터 우주선 안에서의 경과 시간(t_0)은

$$t_0 = \sqrt{1 - (\frac{4}{5})^2} \times t = \frac{3}{5} \times 50 = 30년$$

즉 40광년 떨어져 있는 별로 가는 데 30년이 걸린다. 이것은 이론적으로는 옳은 결론이다. 하지만, '40광년 앞쪽에 있는 별에 30년 만에 간다면 광속을 넘어선 것이 되지 않느냐'는 의

72

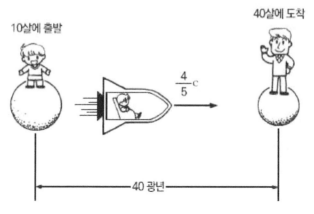

〈그림 3-8〉 우주여행의 패러독스. 40광년 떨어진 별로
가는 데 30년이면 갈 수 있다

문이 남는다. 이 의문에는 4장의 공간 수축(쌍둥이 패러독스)에
서 비로소 대답할 수 있다.

3. 동시각의 상대성

1905년 전후의 아인슈타인

지금, 우리는 아인슈타인이 1905년에 발표한 논문의 한가운
데에 있다. 1905년의 논문은 두 부분으로 이루어져 있으며, 그
제1부 '운동학 부분' 가운데 시간의 고찰을 다루고 있는 것이
다. 좀 까다로운 얘기가 계속되었으므로, 이 무렵의 아인슈타인
에 관해서 살펴보기로 하자.

아인슈타인의 용모에 대해 그의 첫 번째 제자가 된 L. 샤반
은 다음과 같이 기술하고 있다.

"아인슈타인은 1.76m의 키에 어깨가 넓고 약간 앞으로 구부정하다. 그 짤막한 머리는 비상하여 폭넓은 활동을 보여 준다. 살갗은 연한 밤색이고 커다랗고 육감적인 입 위에는 가냘픈 검은 수염을 기르고 있다. 코는 약간 매부리코고, 짙은 갈색 눈은 깊고 부드러운 빛을 담고 있다. 목소리는 율동하는 첼로의 음색처럼 매혹적이다. 아인슈타인은 약간 외국인 투의 억양으로 프랑스어를 정확하게 말한다."(M. 플뤼키거『청춘의 아인슈타인』)

상대성이론의 논문이 나타나기 2년 전, 즉 1903년에 아인슈타인은 대학 시절부터 사귀고 있던 M. 마리치(헝가리)와 결혼했다. 두 사람은 검소한 아파트 생활을 시작했다. 1904년에는 부부 사이에 장남 한스 알베르트가 탄생했다.

그들의 아파트에는 친구들이 찾아와 즐거운 저녁 식사를 함께하면서 여러 가지 문제를 토론했다. 아인슈타인의 취미는 어릴 적에 배운 바이올린이다. 그는 아내와 친구들 앞에서 흔히 바흐와 모차르트의 곡을 연주했다.

1903년 아인슈타인은 베른자연연구협회의 회원이 되었다. 이 연구회는 지방에 있는 작은 것이었지만, 거기에서 아인슈타인은 여러 가지 강연을 열심히 듣고 자신의 연구도 발표했다.

패러다임 변화

왜 당시의 유명한 다른 과학자가 아니고 아인슈타인이 상대성이론을 만들었냐고 하는 의문이 자주 제기되고 있다. 시간이나 공간의 개념을 바꾼다는 것은 예사로운 일이 아니다.

앞에서 나온 일본의 동화 작가 미야자와의 『은하철도의 밤』의 초기 원고 가운데에, 어떤 박사가 주인공 조반니에게 다음과 같이 말하는 장면이 있다.

"넌 화학을 배웠을 거다. 물은 산소와 수소로 이루어져 있다는 걸 알고 있을 거야. 지금은 아무도 그걸 의심하지 않지. 실험해 보면 사실이 그러니까. 하지만 옛날에는 수은과 염으로 되어 있다거나 수은과 황으로 되어 있다고 하는 등 여러 가지로 논의가 분분했었다."

"잠깐 이 책을 보렴. 이건 지리와 역사의 사전이다. 이 책의 이 페이지에는 기원전 2200년의 지리와 역사가 씌어 있단다. 자세히 살펴보렴. 기원전 2200년의 일은 아니야. 기원전 2200년 무렵에 모두가 생각하고 있었던 지리와 역사란 게 씌어 있는 거야.

그러므로 이 페이지 하나가 한 권의 지리와 역사책에 해당하는 거야. 알겠니, 이 속에 씌어 있는 건 기원전 2200년경에는 대부분이 사실이야. 찾아보면 증거가 연달아 나오거든. 하지만 그건 좀 이상하다, 이렇게 생각하기 시작해 보렴. 자 그게 다음 페이지야. 기원전 1000년, 지리나 역사가 꽤나 바뀌어 있잖아. 그땐 이랬던 거야."
(『미야자와 켄지 전집』)

여기에서 미야자와는 분명히 패러다임(paradigm)의 전환에 대해 언급하고 있다. 자연이나 사회에 대해 사람은 공통적인 사고방식을 갖지만, 그 사고방식은 시대나 사회에 따라 달라진다. 과학자들에 의해 만들어지는 이와 같은 공통적인 사고방식을 패러다임이라고 한다. 절대시간이나 절대공간, 그리고 에테르는 이와 같은 패러다임이었다. 그것도 가장 강한 패러다임이었다.

아인슈타인이 왜 이와 같은 패러다임을 깨뜨릴 수 있었을까? 이 의문에 대한 완전한 답은 없다. 그러나 그가 대학과는 관계가 없었고, 유명한 과학자들 집단에도 소속되어 있지 않았다는 것이 하나의 큰 이유일 것이다. 과학자 집단의 공통의 패러다임에 사로잡혀 있지 않았던 것이 그의 발상을 자유롭게 하여, 이를테면 에테르 등의 개념을 버릴 수 있게 했다고 추측할 수 있다.

동시각의 상대성

9회 말 2사 만루, 3루 주자가 갑자기 홈으로 스틸, 일발의 차로 세이프. 이 상황을 고속으로 이동 중인 우주선에서 보면 아웃이 된다? 이와 같은 일은 상대론의 세계에서도 결코 일어나지 않는다.

상대성이론에서는 어느 관성계에서 봤을 때 동시에 일어난 사건도, 다른 관성계에서 보면 동시가 아닌 것이 된다고 한다. 이것은 사실이다. 그러나 이런 사태가 관측되는 것은 같은 장소가 아니라 떨어진 곳에서 일어난 두 가지 사건의 경우뿐이다. 다음의 예로 이 동시각의 상대성 문제를 생각해 보자.

그럼, 우리는 다시 은하철도의 열차를 타기로 하자. 고속으로 오른쪽 방향으로 달려가고 있는 열차의 눈앞을 세 대의 우주선이 항행하고 있다. 세 대의 우주선은 등간격, 등속으로 관성항법(慣性航法)을 계속하고 있다(그림 3-9).

먼저, 우리 열차도 똑같은 속도로 우주선과 같은 방향으로 진행하고 있는 경우를 생각한다. 이 경우 세 대의 우주선은 모두 눈앞에서 정지해 있는 듯이 보인다. 어느 순간 중앙 우주선의 비행사가 플래시를 반짝하고 켰다고 하자. 빛은 좌우대칭인 구형(球形)으로 퍼지고, 앞뒤의 우주선에 동시에 도착한다. 따라서 양쪽 우주 비행사는 동시에 빛을 받았다는 것을 안다. 이것

76

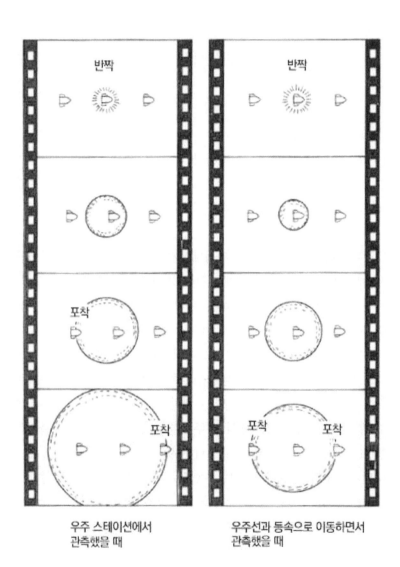

우주 스테이션에서　　　　　우주선과 등속으로 이동하면서
관측했을 때　　　　　　　　관측했을 때

〈그림 3-9〉 동시각의 상대성

3장 뒤집어지는 시간의 상식　77

은 너무도 당연한 일이다.

이 현상을 이번에는 열차가 스테이션에 정지해 있는 상태에서 관측해 보자. 그렇게 하면 우리 열차의 눈앞을 세 대의 우주선이 등간격, 등속으로 오른쪽 방향으로 진행하고 있다. 중앙의 우주선으로부터 플래시의 빛이 퍼져 나간다. 광속도 불변의 원리에 의해, 빛은 역시 발광 지점으로부터 좌우대칭의 구형으로 확산한다. 그러나 우주선은 오른쪽 방향으로 진행하고 있으므로 빛은 먼저 뒤쪽의 우주선에 도달하고, 그 후 앞쪽의 우주선에 도달한다. 즉, 우주 비행사가 빛을 받는 시각이 달라지는 것이 된다.

어느 경우도 똑같은 일이 일어나고 있을 뿐이다. 그러나 열차가 우주선과 함께 움직이고 있느냐, 정지해 있느냐에 따라서 빛이 앞뒤의 우주선에 도착하는 시각이 달라지는 것이다.

이와 같이 관측하는 관성계마다 사건의 시각이 달라지는 것을 동시각의 상대성이라고 한다. 이것은 이상한 느낌이 들지만 착각은 아니다. 또 우주 비행사가 빛을 포착하는 사건이 열차에 전해지기까지의 시간차에 의한 것도 아니다. 그와 같은 시간차를 고려하더라도 실제로 동시각이 동시각이 아니게 되는 것이 관측된다.

시각의 역전

어느 관성계에서 볼 때 동시에 일어난 사건이 다른 두 가지 관성계에서 보면 동시가 아니게 될 뿐더러 시각이 역전해 보이는 일도 있을 수 있다.

앞에서 든 세 대의 우주선의 예에서, 어떻게 하면 시각의 역전이 일어날 수 있는지 예상할 수 있는 사람도 있을 것이다. 오른쪽 방향으로 진행 중인 우주선에 대해 그보다 빠른 속도로 오른쪽 방향으로, 우리의 은하철도 열차를 달려가게 하면 된다 (〈그림 3-10〉 왼쪽).

이와 같은 관성계로부터 관측하면 우주선은 세 대가 모두 열차에 대해 왼쪽 방향으로 움직이고 있는 것처럼 보인다. 중앙의 우주선이 내는 플래시의 빛은 역시 구형으로 퍼져 나가기 때문에, 먼저 선두로 진행하는 오른쪽 우주선에 도착하고 그런 뒤에 후미의 우주선에 도달한다. 따라서 우주 비행사가 빛을 받는 시각의 순서가 우주 스테이션에서 관측한 경우(〈그림 3-10〉 오른쪽)와 반대가 되는 셈이다.

이것이 시각의 역전이다.

인과관계는 허물어지지 않는다

이와 같은 사태는 일상생활에서 절대시간의 사고를 무의식적으로 사용하고 있는 우리에게는 매우 이상하게 생각된다. 특히 시간의 전후 관계가 역전할 수도 있는 셈이므로, 그렇다면 사물의 인과관계가 허물어지지 않을까 하고 걱정이 된다.

인과관계라는 것은, 사물에는 원인과 결과가 있어 어떤 원인으로부터 어떤 결과가 생기는 것이며, 반대로 결과로부터 원인이 생기는 일은 없다고 하는 것이다. 인간은 태어난 뒤에 죽는다. 죽은 뒤에 태어나는 일은 없다. 인과관계는 상대론의 세계에서는 어떻게 되는 것일까?

우선 최초에 확인해야 할 일은, 동일 지점에서 일어난 두 가지 사건의 전후 관계가 허물어지는 일은 절대로 없다는 점이

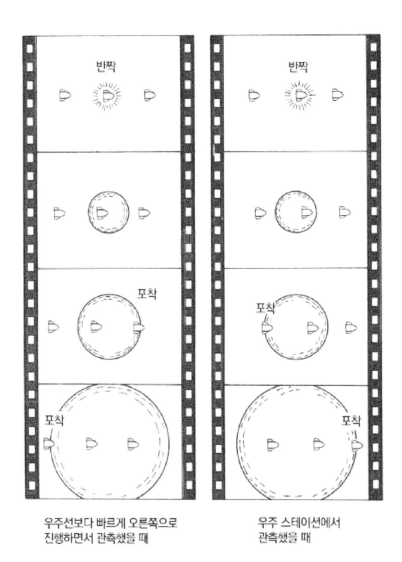

우주선보다 빠르게 오른쪽으로
진행하면서 관측했을 때

우주 스테이션에서
관측했을 때

〈그림 3-10〉 시각의 역전

다. 중앙의 우주선에 두 개의 플래시를 설치하여 동시에 빛이 나게 했을 경우, 우리 열차가 어떤 속도로 달려가면서 관측하더라도 플래시는 동시에 빛이 난다. 또 한쪽 플래시가 먼저 반짝했다면 반드시 그쪽 플래시가 먼저 빛을 낸다. 이것은 어느 관성계로부터 보아도 두 개의 플래시의 빛의 속도가 같기 때문에 당연하다.

따라서 인과관계의 문제가 일어날 가능성이 있는 것은 어디까지나 떨어져 있는 지점에서의 두 개의 사건일 경우이다.

시각의 역전 대목에서 안 것을 다시 확인하자. 거기서 안 일은 관측하는 열차의 관성계가 우주선에 대해 어느 방향으로 움직이고 있느냐에 따라서, 선두와 후미의 우주 비행사가 빛을 받는 순서가 반대가 되는 것이었다.

언뜻 보기에 인과관계가 역전한 듯이 보인다. 그러나 우주 비행사가 플래시의 빛을 받는 현상은 각각 독립적이며, 한쪽이 다른 한쪽에 영향을 주는 일은 결코 불가능하다. 광속이 자연계의 최대 속도인 것을 다시 상기하자. 플래시의 빛을 먼저 받은 비행사가, 다른 한쪽 비행사가 빛을 받는 시각보다 앞서 그 우주선에 어떤 영향을 주는 일은 절대로 불가능하다.

이와 같이 전후 관계가 역전하는 것은 서로에 영향을 끼칠 수 없는, 말하자면 절대적으로 떨어져 있는 사건에 국한된다. 따라서 인과관계가 허물어질 걱정은 전혀 없다.

이상에서 달려가는 시계의 지연과 동시각의 상대성에 대해 고찰해 왔으나, 그것을 이해하는 핵심에는 광속도 불변의 원리가 있다. 결과는 의외일지 모르나 광속도가 불변하고, 자연계의 최대 속도라는 것을 인정하면 이 밖의 결론은 있을 수가 없다.

  역설적으로 말하면, 만일 광속도가 무한하다면 동시각은 절대적이 된다. 또 달려가고 있는 시계의 지연도 일어나지 않는다. 그와 같은 우주에서는 절대시간이 존재한다. 그러나 우리가 알고 있는 우주는 그렇게 되어 있지 않다. 광속이 정보 전달의 최대 속도라고 하는 것이 자연계의 시간과 공간의 성질을 결정하고 있는 것이다.

4장
공간의 수축은 왜 일어나는가?

1. 로런츠 수축

우주여행은 꿈일까?

SF 소설이나 영화 등에는 타임머신이나 워프(Warp) 항법 등이 번질나게 등장한다. 타임머신을 사용하여 과거나 미래로 간다는 꿈은 매력적이다. 그러나 타임머신이 만들어진다고 하면 3장에서 언급한 인과관계의 문제가 일어난다. 과거로 거슬러 가서 역사를 바꿔 버린다면 현재가 바뀌는 모순을 피할 수 없다. 그러므로 타임머신은 원리적으로 불가능하다는 것이 물리학의 주장이다.

한편, 광속을 넘는다고 하는 워프 항법은 어떠할까? 이것도 광속도가 자연계의 최대 속도라고 하는 광속도 불변의 원리와 모순된다.

그렇다면 인류가 태양계로부터 바깥 우주로 나가는 것은 불가능할까? 태양으로부터 제일 가까운 항성도 수 광년 저편에 있다. 우리 은하계 밖으로 나가는 데도 10만 광년 이상의 거리를 항행해야 한다. 이래서는 태양계 밖으로의 우주여행은 덧없는 꿈에 지나지 않게 될 것 같다. 뉴턴의 절대시간, 절대공간의 개념에 사로잡혀 있는 한 그러하다.

그러나 상대성이론은 기술상의 문제는 따로 하고, 원리적으로는 태양계 바깥으로의 우주여행을 부정하지 않는다. 오히려 그 이론적 가능성을 인정한다. 그 가능성의 열쇠는 로런츠 수축이라고 불리는 공간의 수축 속에 있다. 이 장에서는 시간에 이어 상대성이론이 공간의 개념을 어떻게 바꿔 놓았는가를 살펴보기로 하자.

물체의 길이를 측정하는 방법

상대성이론에서는 길이의 개념이 상식과 다르다. 특수상대성이론에서는 달려가고 있는 물체의 길이는 수축해 보인다고 한다. 고속으로 달려가면 물체가 어떤 압력을 받아 수축하는 것일까? 아니면 물체를 만들고 있는 원자나 분자 자체가 어떠한 메커니즘으로 수축해 버리는 것일까?

먼저 두 개의 물체가 같은 길이라는 것은 무엇을 의미하는지 생각해 보자.

"그런 것은 생각해 볼 것까지도 없잖아. 두 개를 나란히 두어 양 끝이 일치하면 되잖아."

확실히 그렇다. 그렇다면 한쪽이 움직이고 있을 경우에는 어떻게 하면 될까?

"글쎄, 약간 맞추기는 힘들겠지만 어쨌든 동시에 봐야 하겠지."

확실히 그렇다. 동시각에 양 끝을 재지 않으면 물체의 길이라고 하는 개념은 의미를 갖지 않는다. 그렇다면 실제로 움직이고 있는 물체의 길이를 측정해 보자.

길이의 상대성

다시 은하철도 열차와 우주 스테이션의 세계로 되돌아가자. 우주 스테이션의 플랫폼과 열차의 길이가 똑같다고 하자. 같은 길이라고 하는 것은 열차가 정지해 있을 때, 그 앞쪽 끝과 뒤쪽 끝이 플랫폼의 양 끝과 딱 일치한다는 것이다.

이 열차가 달려가고 있을 때, 그 길이와 플랫폼의 길이를 비

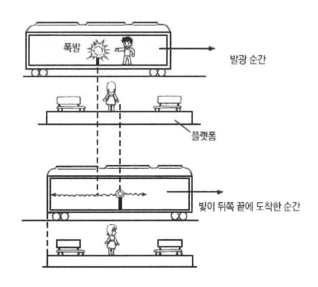

〈그림 4-1〉 길이의 상대성. 상훈의 측정을 향아의 '정지계'
로부터 본 상태

교해 보자. 먼저 열차에 타고 있는 상훈이가 측정한다. 열차의
양 끝 위치를 동시에 재야 하기 때문에 약간의 연구가 필요하
다. 다음과 같은 장치를 열차에 싣자. 열차 중앙에 플래시를 설
치한다. 또 열차의 앞쪽과 뒤쪽 끝에는 플래시로부터 오는 빛
을 받은 순간에 플랫폼에 표시를 하는 장치를 설치해 둔다. 이
것으로 준비는 끝났다(그림 4-1).

오른쪽 방향으로 고속으로 달려가고 있는 열차 안의 상훈이
가 빛을 받으면 열차의 뒤쪽 끝에 있는 장치가 플랫폼의 바로
뒤쪽 끝에 표시를 하도록 플래시의 빛을 내게 한다. 이 타이밍
을 잡는 것이 어렵다. 열차의 중앙이 플랫폼의 중앙을 통과하
는 순간이라면 너무 늦다. 그보다 조금 전이라야 한다.

상훈이가 있는 곳에서 보아 빛이 양 끝에 도달하는 것은 동시이기 때문에, 당연히 플랫폼의 앞 끝에는 또 하나의 표시를 할 것이다. 하지만 그렇게는 되지 않는다.

플랫폼의 '정지계'에 있는 향아와 함께 장치의 기능을 잘 관찰해 보자. 향아가 보면 빛은 좌우로 같은 속도(c)로 퍼져 나간다(광속도 불변의 원리). 열차가 오른쪽 방향으로 진행하고 있으므로 빛은 먼저 열차의 뒤쪽 끝에 도달하고 그 후에 앞쪽 끝에 도달한다. 따라서 장치는 먼저 플랫폼의 뒤쪽 끝에 표시를 하고, 조금 뒤늦게 열차의 앞 끝 위치를 표시한다. 그러므로 상훈은 플랫폼의 앞 끝에다 표시를 할 수 없고, 그보다 조금 앞에다 표시를 해 버리는 것이 된다.

그러나 상훈은 "나는 확실히 동시각에 표시를 했어. 열차의 길이보다 플랫폼이 짧다"고 주장할 것이다. 상훈이 보면 플랫폼은 달려가고 있다. 달려가고 있는 플랫폼은 짧게 보이는 셈이다.

상훈과 향아의 입장을 완전히 반대로 하여 생각할 수도 있다. 이번에는 플랫폼의 향아가 달려가고 있는 열차의 길이를 잰다. 이 경우 향아는, "달려가고 있는 열차의 길이는 플랫폼의 길이보다 짧다"고 주장할 것이 틀림없다.

이것은 향아의 측정 상태를 조금 전과 정반대의 입장에서 실제로 분석해 보면 된다. 그러나 상대성원리가 있으므로 그럴 필요도 없다. 향아의 관성계도 상훈의 관성계도 대등하기 때문에, 상훈의 관성계에서 일어나는 일은 향아의 관성계에서도 똑같이 일어난다.

상훈의 주장은 옳다. 향아의 주장도 옳다. '정지계'에 대해 달려가고 있는 물체는 언제든지 짧게 보이는 것이다.

달려가고 있는 물체가 수축되어 보이는 현상을 로런츠 수축이라고 부른다. 그러나 지금까지의 검토로 알 수 있듯이 로런츠 수축이 일어나는 이유는, 관성계에 의해 동시각이 달라지고 있는 데에 있다. 동시각에 잰 양 끝의 거리가 물체의 길이이고, 물체의 양 끝의 위치를 재는 시각이 쌍방에서 다른 이상, 길이가 달라지는 것은 당연하다. 로런츠 수축은 어떠한 압력이라든가 분자, 원자의 변형에 의해 일어나는 것은 아니다.

그러므로 고속으로 달리는 탈것을 타고 있어도 탈것 안에 있는 사람에게는 달라진 일이 아무것도 없다. 탈것이 수축하여 공간이 좁아진다거나, 둥근 공이 일그러져서 타원형이 되는 것도 아니다. 다만, '정지계'로부터 달려가고 있는 물체를 보면 수축되어 보일 뿐이다.

이리하여 시간과 더불어 길이라는 것도, 우리가 관측하는 관성계에 따라 달라지는 상대적인 것이라는 것, 그 원인은 측정의 시각이 달라지기 때문이라는 것이 밝혀졌다.

로런츠 수축의 공식

달려가고 있는 열차의 로런츠 수축을 공식으로 나타내면

$$\ell = \sqrt{1 - (\frac{v}{c})^2} \times \ell_0$$

여기서

ℓ_0 : 정지해 있는 열차의 길이

ℓ : '정지계'로부터 본 달려가고 있는 열차의 길이

　　v : 열차의 속도

　　c : 광속

이다. 시간 지연의 공식과 마찬가지로

$$\sqrt{1-(\frac{v}{c})^2} < 1$$

이므로

　　$\ell < \ell_0$

가 되어 '정지계'로부터 본 달려가고 있는 열차의 길이는 짧아진다. 로런츠 수축은 열차뿐만 아니라 모든 물체에서 일어난다. 공간의 두 지점에 둔 물체 사이의 거리 자체가 짧아지는 것이다.

　다만 수축이 일어나는 것은 달려가고 있는 방향에 대해서일 뿐, 진행 방향에 수직인 방향에서는 아무 일도 일어나지 않는다.

　물체의 속도가 클수록 수축의 비율도 두드러진다. 이를테면 물체가 광속의 5분의 3의 속도로 달려가고 있으면, 그 길이는 앞의 공식으로부터 5분의 4가 된다. 물체가 광속의 87%($\sqrt{3}/2$)의 속도로 진행하고 있으면 그 길이는 꼭 절반이 된다. 가령 물체가 광속으로 이동할 수 있었다고 하면 그 길이는 영(0)으로 보이는 것이 된다.

수축의 공식을 구하자

　흥미를 가질 독자를 위해 로런츠 수축의 공식을 계산으로 구해 보자. 이를테면 지구에서 달까지 우주선을 타고 여행하기로 한다. 실제의 우주선은 지구를 도는 원 궤도에 실리고부터 달

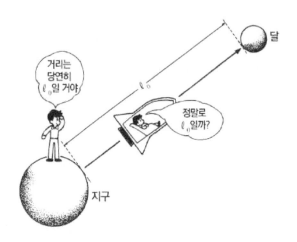

〈그림 4-2〉 로런츠 수축의 공식을 구하자

로 향하지만, 지금은 이론상의 문제를 생각하고 있으므로 달까지 일직선으로 등속인 v로 진행하기로 한다. 지구 위에서 잰 지구와 달 사이의 거리(ℓ_0)와 우주선의 관성계로 잰 지구와 달 사이의 거리(ℓ)가 어떻게 다르느냐가 문제이다. 지구 위의 관성계에서 잰 우주선의 비행 시간을 t라고 하면,

$$\ell_0 = vt$$

가 되는 것은 당연하다.

한편 우주선의 관성계에 있는 사람이 보면, 자기는 정지해 있고 지구와 달이 뒤쪽 방향으로 v의 속도로 움직이고 있는 것처럼 보인다. 이때, 거리(ℓ)는

$$\ell = vt_0$$

이다. t_0는 우주선 안의 시계로 잰 비행 시간이다. 이 두 식으

로부터

$$\frac{\ell}{\ell_0} = \frac{t_0}{t}$$

가 나오고, 이 식에 3-2-5(시간 지연의 공식)에 나온 시간 지연의 공식

$$t = \frac{t_0}{\sqrt{1 - \left(\frac{v}{c}\right)^2}}$$

의 t를 대입하면, 다음과 같이 로런츠 수축의 공식이 이끌어진다.

이 증명으로부터 로런츠 수축의 원인은 시간의 지연에 관계하고 있는 것을 안다. 우주선에 타고 있는 사람의 시계는, 지구 위의 시계보다 느리게 진행하기 때문에 그 몫만큼 거리가 짧게 느껴지는 것이다.

다시 우주여행의 패러독스로

로런츠 수축을 고려함으로써 3-2-8(우주여행의 패러독스)에 나왔던 우주여행의 패러독스는 해결된다. 문제를 돌이켜 보자.

40광년 떨어져 있는 항성까지 우주여행을 할 경우, 광속을 넘을 수는 없기 때문에 아무래도 40년 이상이 걸릴 것으로 생각된다. 이를테면 광속의 5분의 4, 매초 240,000㎞로 진행해도

$$40 \times \frac{5}{4} = 50년$$

이 걸린다. 그러나 이것은 지구에서 본 우주여행의 경과 시간이며 우주선에 타고 있는 사람의 여행 시간은 달라진다. 시간

92

지연의 공식으로부터 우주선 안에서의 경과 시간(t_0)은

$$t_0 = \sqrt{1 - \left(\frac{4}{5}\right)^2} \times t = \frac{3}{5} \times 50 = 30\text{년}$$

이다. 즉 40광년 저편에 있는 별에 30년이면 갈 수 있게 된다. 이때

"40광년 앞쪽의 별에 30년 만에 가버린다면, 광속을 넘어서는 것이 되지 않느냐?"

고 하는 것이 우주여행의 패러독스였다.

이 패러독스는 우주선을 타고 있는 사람이 보면, 지구와 목적하는 별과의 거리가 수축하고 있다는 것을 고려하지 않은 것에서부터 생겼다. 우주선에서 보면 지구도 목적하는 별도 고속으로 이동하고 있다는 점에 주목하자. 지구와 별이 광속의 5분의 4로 움직이고 있으므로 그 사이의 거리는 로런츠 수축의 공식에 의해

$$\ell = \sqrt{1 - \left(\frac{4}{5}\right)^2} \times 40 = \frac{3}{5} \times 40 = 24\text{년}$$

이 된다. 24광년의 거리를 광속의 5분의 4의 속도로 진행하면

$$24 \div \frac{4}{5} = 30\text{년}$$

이 걸리게 되어 앞의 계산과 딱 일치한다. 이것으로 패러독스는 해결되었다.

우주선의 속도를 더 높이면 보다 단시간에 갈 수 있다. 가령 광속 로켓이 있으면 순식간에 갈 수 있다. 3장에서 가령 광속

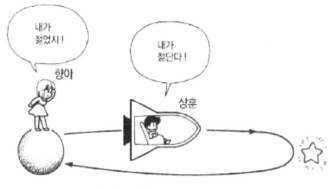

〈그림 4-3〉 쌍둥이의 패러독스

으로 이동하는 물체가 있으면 그 안의 시간은 정지해 보인다고 말했다. 그것과 여기에서 안 것이 잘 들어맞고 있다.

　다만 현실에서는 이와 같은 우주선을 만드는 일이 매우 곤란할 것이다. 현재 로켓의 속도는 고작 매초 10㎞의 수준이고, 최초의 가속이나 최후의 감속에 과연 인간의 신체가 견디어 낼 수 있는지에 대한 문제도 있다.

　그런데 빛 자체는 시간이나 공간을 어떻게 느낄까? 빛은 당연히 언제나 광속으로 이동한다. 빛은 우주 저편에서부터 지구로 오는 데에 시간이 걸리지 않고 그 거리도 제로가 된다. 빛이란 정말로 부러운 존재이다.

쌍둥이의 패러독스

　우주여행의 패러독스와 관련하여 유명한 쌍둥이의 패러독스를 다루어 보자(그림 4-3). 향아와 상훈이는 쌍둥이였다고 하자. 두 사람이 태어나자 바로 상훈은 조금 전에 말한 40광년 저편의 별을 향해, 광속의 5분의 4의 속도로 우주여행을 떠났다가

곧바로 같은 속도로 되돌아왔다고 하자. 상훈은 여행으로 30×2=60살이 되어 있고 한편 향아는 50×2=100살이 되어 있다.

그러나 이 여행 경과를 반대로 상훈의 입장에서 보면 어떻게 될까? 상훈이가 타고 있는 우주선에서 보면, 향아가 있는 지구가 광속의 5분의 4로 멀어져 갔다가 다시 같은 속도로 접근해 오는 것이므로, 사태는 완전히 정반대이며 향아는 60세, 상훈이는 100세가 되어 있을 것이다. 이것은 분명히 모순이다.

이 문제를 해결하는 열쇠는 상훈이가 탄 우주선이 실제로 가속이나 감속을 체험했다는 점에 있다. 우리가 지금 생각하고 있는 특수상대성이론은 등속도로 움직이는 관성계 안에서만의 이론이다. 상훈이가 탄 우주선은 관성계가 아니다.

따라서 이 패러독스의 해결에는 가속도가 있는 좌표계를 다룰 수 있는 이론이 필요하다. 이 문제의 해결은 아인슈타인의 일반상대성이론에 의해 이루어진다. 시간 지연의 공식은 관성계에 있는 향아만이 사용할 수 있다. 상훈은 가속과 감속 때 이 공식을 사용할 수 없으며 상훈의 판단은 잘못된 것이다. 일반상대성이론에 의한 결론을 말하면 향아의 판단, 즉 상훈이가 60세, 향아가 100세가 된다는 것이 옳다.

'우주여행을 하면 나이를 먹지 않는다'고 한다면 이것은 사람들에게 반가운 얘기다. 하지만 그렇게는 안 된다. 많은 사람들의 꿈인 불로장수는 상대성이론으로도 실현할 수 없다. 상훈이가 우주여행을 하는 동안에, 상훈은 60년 몫의 인생을 체험하여 60세의 몸이 된다. 향아는 만일 살아 있다면 100년 몫의 인생을 보내고 100세의 몸이 되어 있다. 즉 시간의 지연은 시계의 진행 방법뿐만 아니라, 사람의 성장이나 노쇠까지를 포함한 모든 자연현상에 대해 성립한다. 이것을 체험하는 사람은 인생이 길어졌다고는 느끼지 않는 것이다. 그래서 SF 소설이나 영화 등에서 태양계 바깥으로의 우주여행에서 나이를 먹지 않게 하기 위해 냉동 수면 등 생명활동을 일정 기간 정지시켜 버리는 방법이 사용되고 있는 것이다.

이와 같은 생명현상을 포함한 상대성이론의 실험은 실제로는 아직 행해지고 있지 않지만, 물리학자는 이렇게 될 것이라고 믿고 있다.

2. 획기적인 속도합성법칙

속도는 덧셈이 되지 않는다

우리는 아인슈타인과 함께 상대성원리와 광속도 불변의 원리라고 하는 두 가지 원리에서부터 출발했다. 그리고 거기서부터 달려가고 있는 물체의 시간 지연, 로런츠 수축이라고 하는 중요한 두 가지 결론에 도달했다. 그러나 두 원리의 해설 때 지적했듯이 이 원리는 서로 모순되고 있는 듯이 보인다.

두 원리의 모순은 속도의 합성법칙에 집중해 나타난다. 이를테면 속도 v로 비행 중인 로켓에서 발사되는 빛을 지상에서 보더라도, 그 속도는 c+t가 아니라 c가 되는 것이었다. 한편 일상의 속도에서는 두 속도를 그대로 덧셈하면 되었다.

이미 확인했듯이 속도라고 하는 것은 거리÷시간이다. 이 약속 자체는 달라지지 않았다. 그러나 거리와 시간이 지금까지의 상식과는 달리, 관성계에 의해 달라지는 것이 되었기 때문에 당연히 속도의 합성법칙도 지금까지의 것과는 달라질 것이다. 뉴턴 역학의 속도합성법칙은 이미 성립하지 않는다.

결론부터 먼저 말하면 새로운 속도의 합성법칙은 다음과 같다. 지상의 관성계로부터 볼 때 속도 v_1으로 비행 중인 로켓 안에 로켓의 관측자가 볼 때 진행 방향으로 속도 v_2로 진행하는 공이 있다고 하자. 지상에서 본 그 공의 속도(v)는,

$$v = \frac{v_1 + v_2}{1 + \dfrac{v_1 v_2}{c^2}}$$

가 된다. 이것이 상대성이론의 속도합성법칙이다.

두 원리의 모순 해결

이 속도합성법칙은 뉴턴 역학의 그것과는 꽤나 다른 듯이 보인다. 그러나 광속과 비교해 작은 속도의 합성에서는 같아진다. 분모 안에 있는 $v_1 v_2 / c^2$에 착안하자. 로켓이나 공의 속도가 광속에 비해 작으면 이 값은 매우 작다. 그래서 이것을 0으로 보면

$v = v_1 + v_2$

가 되어 뉴턴 역학의 속도합성법칙이 된다. 일상생활에서 뉴턴 역학의 속도합성법칙이 성립하는 것은 열차나 공의 속도가 광속에 비교해서 매우 작기 때문이다.

그러나 로켓이나 공의 속도가 광속과 비교해 무시할 수 없을 정도의 크기가 되면 합성된 속도는 보통의 덧셈으로는 되지 않는다(그림 4-4).

로켓의 속도를 광속의 2분의 1, 로켓 안에서의 공의 속도도

〈그림 4-4〉 새로운 속도합성법칙

광속의 2분의 1이라고 하면 지상에서 본 공의 속도는

$$\frac{\frac{1}{2}c + \frac{1}{2}c}{1 + \frac{\frac{1}{2}c \times \frac{1}{2}c}{c^2}} = \frac{1}{1 + \frac{1}{4}}c = \frac{4}{5}c$$

가 되어 광속 c가 되지 않는다.

속도가 광속의 2분의 1인 로켓에서 발사된 빛을 지상에서 보면 그 속도는

$$\frac{\frac{1}{2} + 1}{1 + \frac{1}{2}}c = c$$

가 된다. 즉, 광속도 불변의 원리가 확인된 셈이다(그림 4-5).

98

〈그림 4-5〉 광속도 불변의 원리 재현

가령 광속으로 진행하는 로켓이 있다고 치고, 앞쪽에서부터
오는 빛을 그 로켓으로 요격하면 어떻게 될까? 이를테면 지상
에 서 있는 가로등의 빛을 광속 로켓을 타고 관찰한다고 하자.
이번에는 로켓 안의 좌표계가 우리의 '정지계'이다. 로켓 안에
서부터 보면 가로등은 속도 c로 접근해 온다. 거기에서 속도 c
의 빛이 진행해 온다. 이 두 속도를 합성하면

$$\frac{c+c}{1+\dfrac{c \times c}{c^2}} = c$$

가 되어 역시 c이다. 자연계에서 가장 빠른 광속을 합성해도
광속을 넘을 수는 없다. 이리하여 광속이 불변이고 자연계의
최고 속도라는 것이 새삼 확인되었다.
이렇게 하여 광속도 불변의 원리와 뉴턴 역학의 속도합성법

칙 사이에 있었던 모순은 상대성이론의 속도합성법칙에 의해 해결된다.

또 아인슈타인이 소년 시절에 생각했던 '빛의 속도로 빛을 쫓아가면 광속은 어떻게 되느냐'고 하는 패러독스의 대답도 이미 명백해졌다. 광속 로켓이 있다고 하자. 그것이 관성계인 이상, 거기에서 본 빛의 속도는 지상에서 본 빛의 속도와 같은 c인 것이다.

마지막으로 한 가지만 주의할 일이 있다. 상대성이론의 속도합성법칙은 어느 한 개의 물체를 다른 관성계에서 보면 어떠한 속도가 되는가를 구하기 위한 식이지, 결코 두 개의 물체가 접근하거나 멀어지거나 할 때, 옆에서 보아 그 속도의 차이를 계산하기 위한 식은 아니다. 지상에서 보아 좌우로 두 빛이 올 때, 이 두 개의 빛의 속도 차는 어디까지나

$$c - (-c) = 2c$$

이다.

상대성이론의 속도합성법칙은 상대성원리와 광속도 불변의 원리로부터 자연히 이끌어진다. 그러나 그 증명은 다소 계산이 복잡해지므로 이 책에서는 다루지 않기로 한다.

우리는 이것으로 아인슈타인의 1905년 논문 「운동 물체의 전기역학」의 1부 '운동학 부분'의 내용을 고찰한 셈이 된다. 여기까지가 상대성이론의 기본을 대충 이해한 것이다.

이 논문의 2부는 '전기역학 부분'이라 이름 붙여져 있고, 거기에서는 전자기장, 즉 전자기학을 둘러싸는 문제가 다루어져 있다. 상대성이론으로 들어가는 데는 두 개의 길이 있다. 전자

기학으로부터 상대성이론으로 들어갈 수도 있다. 전자기학으로부터 상대성이론을 다시 한 번 생각하는 것은 상대성이론에 대한 이해를 깊게 하는 데에 안성맞춤이다. 이 전자기장을 둘러싸는 문제는 5장의 후반에서 생각하기로 하고, 우선은 1905년 이후 아인슈타인의 상황을 추적해 보기로 하자.

5장

상대성이론의 영향

1. 특수상대성이론에서 일반상대성이론으로

플랑크의 지원

스위스 특허국의 일개 심사원에 지나지 않는 아인슈타인의 논문은 당시의 과학자들에게 어떻게 받아들여졌을까? 이 점에서 아인슈타인은 비교적 운이 좋았다. 물리학계의 거물 M. 플랑크(독일)가 바로 이듬해에 상대성이론에 호의적인 논문을 써 주었기 때문이다. 플랑크는 1900년에 상대성이론과 더불어 20세기 또 하나의 새로운 이론, 양자역학(量子力學)의 실마리가 된 논문을 쓴 이론물리학자이다.

1905년이라는 해는 아인슈타인과 물리학에 획기적인 해였다. 아인슈타인이 이해에 역사에 남을 세 편의 논문을 완성했기 때문이다. 그중의 하나는 물론 상대성이론 논문이다. 두 번째는 브라운 운동에 대한 논문으로 바로 원자의 존재를 증명하는 것이었다. 세 번째 논문은 광전효과(光電效果)라는 현상에 관한 것으로 플랑크의 업적을 계승하여 양자역학의 두 번째 발걸음을 이룩하는 것이었다.

이 세 편의 논문은 어느 하나를 취한들 현재로 보면 노벨상에 해당할 만한 것이다. 이것들이 오늘날의 물리학에 끼친 영향은 헤아릴 수 없을 만큼 크다.

1908년 아인슈타인은 베른대학의 사강사(私講師)가 되었다. 이 사강사라는 것은 대학에서 강의를 개설할 자격을 가질 수 있을 뿐, 급료는 강의를 받는 사람이 지불하는 근소한 수업료뿐이었다. 아인슈타인은 특허국의 일을 계속하면서 틈틈이 강의를 했다.

1909년에 겨우 정식으로 대학에서 일할 기회가 왔다. 취리히대학의 준교수로 임명된 것이다. 다만 그의 채용을 인정하는 교수회의 보고에는 그가 유태인인데도 불구하고 유태인 특유의 잘난 척, 뻔뻔함과 상인 근성이 없다는 것이 기록되어 있다. 이것은 그 무렵의 유럽에서 유태인을 어떻게 보고 있었던가 하는 것을 단적으로 드러내 보이는 문서이다. 어쨌든 그는 특허국을 사직하고 학자의 세계로 들어갔다. 1910년에는 둘째 아들 에두아르트가 태어났다.

그 후 그는 프라하의 카를페르디난트대학 교수(1911), 그리고 단기간의 취리히 연방공과대학 교수(1912)를 거쳐 1914년 카이저빌헬름연구소 교수와 베를린대학의 강의할 의무가 없는 교수 자리에 취임했다.

그러나 아인슈타인의 순조로운 연구생활과는 대조적으로 정치 정세는 긴박해지고 있었다. 이해 8월 독일과 오스트리아(동맹국), 프랑스, 러시아, 영국, 일본 등(연합국) 사이에 1차 세계대전이 일어났다.

베를린으로

아인슈타인은 자유로운 스위스를 좋아했다. 그 스위스를 버리고 왜 베를린으로 옮겨 갔을까? 그는 로런츠에게 보낸 편지에서

"생각하는 일에 자유로이 전념할 수 있도록 모든 의무로부터 나를 해방시켜 주는 자리를 받아들일 수 있다는 유혹에 나는 저항할 수 없었습니다."(파이스)

라고 적고 있다. 이 무렵 그는 강의에 시간을 빼앗기는 데에 안달을 했다. 그는 매우 중요한 일에 사로잡혀 있었다.

그러나 아내 밀레바는 베를린을 싫어했다. 베를린으로 이사하자 바로 그녀는 두 아들을 데리고 취리히로 되돌아가 버리고, 아인슈타인과 별거 상태가 된다. 그와 밀레바 사이에 어떤 일이 있었는지는 잘 알 수 없다. 그러나 두 사람의 결혼은 결국 실패로 끝났다. 후에(1919년 2월) 두 사람은 정식으로 이혼했다.

역학과 전자기학의 대립

특수상대성이론을 창출함으로써 아인슈타인은 뉴턴의 역학을 부정했다. 그렇다면 J. C. 맥스웰의 전자기학에 대해서는 어떠할까? 특수상대성이론은 전자기학과는 전혀 모순되지 않았다. 오히려 전자기학의 정당성을 증명하는 것이 되었다.

그러나 특수상대성이론이 뉴턴 역학을 부정하고 맥스웰의 전자기학을 긍정했다는 것은 물리학에 큰 문제를 내놓게 되었다. 이 두 이론은 '힘'의 작용에 대해 결정적인 대립 관계에 있었기 때문이다.

뉴턴의 만유인력의 법칙은 이미 1장에서 언급했듯이, '두 물체 사이에는 질량의 곱에 비례하고 거리의 제곱에 반비례하는 인력이 작용한다'는 것이었다.

여기에서는 힘이 전달되는 메커니즘에 대한 설명이 없다. 바꿔 말하면 중력이 순식간에 공간을 뛰어넘어 작용하는 것으로 보고 있었다는 것이다. 이것은 아인슈타인의 광속도가 자연계의 최대 속도라고 하는 기본 원리와 정면으로 충돌한다.

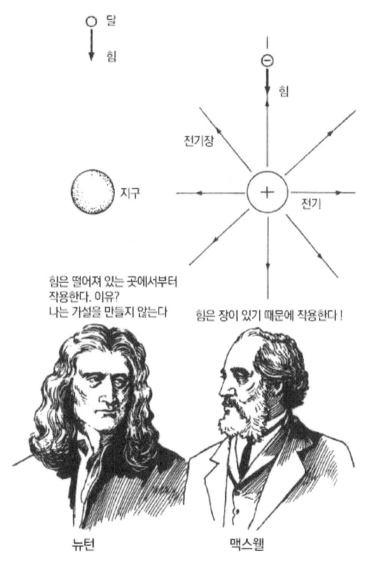

〈그림 5-1〉 뉴턴과 맥스웰

한편, 전자기학을 만든 M. 패러데이(영국)나 맥스웰은 힘이 작용하는 방법에 대해 이와 같은 입장을 취하지 않았다. 그들은 이를테면 자석이 다른 자침을 진동시키는 것은, 자석이 공간에 자기장이라고 하는 것을 만들기 때문이라고 생각했다. 자침은 이 자기장으로부터 힘을 받는다고 했던 것이다. 전기력에 대해서도 전자기학은 마찬가지로 전기장이라는 것을 생각했다. 이 자기장과 전기장의 조합이 전자기파를 낳는다. 전자기파는 항상 광속(c)으로 진행한다. 빛은 바로 전자기파의 일종이다. 이것이 전자기학의 결론이며, 아인슈타인은 이 광속도 불변의 원리를 특수상대성이론의 출발점으로 삼았던 것이다.

중력과 전자기력의 작용 방법은 명백히 대립한 채로 있었다.

일반상대성이론

따라서 이 무렵 아인슈타인을 사로잡고 있었던 것은 중력의 문제였다. 특수상대성이론은 매우 훌륭한 이론이기는 했지만 그것에는 두 가지 한계가 있었다. 하나는 이 이론이 관성계 이외의 가속도가 있는 계에서는 쓸 수 없다는 점이다. 그리고 또 하나는 중력의 문제를 다룰 수 없다는 점이다.

다시 한 번 확인하자. 중력, 즉 만유인력의 법칙은 이미 200여 년 전에 뉴턴에 의해 확립되어 있었다. 뉴턴의 만유인력의 법칙은 태양계 행성의 운동을 매우 정확하게 설명할 수 있는 것으로서 이것을 의심하는 과학자는 거의 없었다.

그러나 아인슈타인에게 이 법칙은 원리적인 점에서 불만족한 것이었다. 아인슈타인의 불만은 만유인력이 우주 공간을 순식간에, 즉 무한한 속도로 전해 간다고 하는 점에 있다. 이를테면 어딘가에 별이 있을 때 대폭발을 일으켰다고 하면, 그 폭발에 의한 중력의 변동은 순식간에 우주 전체로 전파한다. 그러나 아인슈타인은 결코 그런 일은 일어나지 않고 전자기력과 마찬가지로 중력도 중력장에 의해서 설명되어야만 한다고 생각했다.

한편 관성계가 아닌 좌표계에서도 이용할 수 있는 이론을 만드는 것, 특수상대성이론을 더욱 확장하여 완전한 것으로 만드는 일이 아인슈타인의 커다란 염원이었다.

이 두 가지 문제는 물리학의 문제 중에서도 최대급의 곤란한 문제였다. 문제가 너무 컸기 때문에 이것과 대결하려는 물리학자는 거의 없었다. 아인슈타인은 거의 독력으로 이 문제와 대결해야 했다.

그런 아인슈타인에게 1907년, 그 자신이 '나의 인생에서 가장 행복한 생각'이라고 부르는 획기적인 아이디어가 떠올랐다. 이 아이디어는 두 가지 곤란한 문제를 동시에 해결하는 굉장한 것이었다.

2. 유명인이 된 아인슈타인

나의 인생에서 가장 행복한 생각

SF 영화 등에서는 반중력(反重力) 장치가 자주 등장한다. 지표에서 중력을 소멸시킬 수가 있다면 탈것을 공중에 띄워 고속으로 달려가게 할 수 있다. 중력을 소멸시키는 방법이 있을까?

현재로는 중력을 지표에서 소멸시키는 방법은 단 한 가지밖에 없다. 유원지에 가면 프리 폴(Free Fall : 자유낙하)이라는 탈

〈그림 5-2〉 자유로이 떨어졌을 때는 무게가 느껴지지 않는다.
오른쪽은 프리 폴

것이 있다. 20m 높이의 프리 폴 속을 낙하하면, 약 2초간 중
력이 소멸하여 무중력 상태를 체험할 수 있다. 우주 비행사에
게 무중력 상태를 훈련시키는 데는 제트기를 고공에 올라가게
하여 엔진을 끄고 중력만으로 낙하하게 한다. 우주 비행사는
30초쯤 무중력을 체험할 수 있다.

　인공위성을 타고 지구를 돌고 있으면 물론 장시간 무중력 상
태를 체험할 수 있다. 그것은 인공위성이 지구를 향해 영원히
낙하를 계속하고 있기 때문이다. 인공위성 가까이에서 우주 유
영을 하는 비행사는, 인공위성과 똑같이 지구를 향해 낙하하고
있다. 그러므로 인공위성으로부터 떨어져 나가 버리는 일은 없
다. 현재의 우리는 이런 일을 영상 등에서 보고 알고 있다. 그
러나 아인슈타인은 물론 본 적이 없었다.

　아인슈타인의 말을 들어 보자.

"나는 베른특허국에서 의자에 앉아 있었습니다. 그때 갑자기 한 가지 사상(思想)이 내게 솟아올랐습니다. '어느 한 사람이 자유로이 떨어졌다고 한다면, 그 사람은 자기의 무게를 느끼지 않을 것이 틀림없다.' 나는 문득 깨달았습니다. 이 간단한 사고는 내게 깊은 인상을 주었습니다. 나는 이 감격에 의해 중력의 이론으로 자신을 나아가게 할 수 있었던 것입니다." (이시하라 『아인슈타인 강연록』)

등가원리

어쩌면 이토록 단순한 원리일까? 이것은 갈릴레이 시대부터 알려져 있었던 것이라고도 할 수 있다. 갈릴레이는 '커다란 쇠공도 작은 쇠공도 마찬가지로 낙하한다'는 떨어지는 물체의 법칙을 17세기에 발견했다. 이것은 피사의 사탑(斜塔)의 전설로 유명하다.

아인슈타인은 이 떨어지는 물체의 법칙을 다른 새로운 관점으로 다시 파악했던 것이다. 엘리베이터의 줄이 끊어져 엘리베이터가 자유낙하를 하고 있을 때, 타고 있는 사람의 눈앞에 있는 사과는 사람과 똑같이 낙하하기 때문에 정지해 보인다. 즉, 엘리베이터 안에는 중력이 존재하지 않는다. 엘리베이터는 가속도 운동을 하고 있으므로 가속도를 지닌 좌표계이다. 가속도계 안에서 중력장은 소멸할 수 있다.

중력이 가속도계 안에서 소멸한다면 그 반대도 가능한 것이 아닐까? 이번에는 우주의 무중력 공간으로 옮겨 가서 이 문제를 생각해 보자. 창이 없고 밖이 보이지 않는 엘리베이터에 사람이 타고 있다. 이 엘리베이터의 줄을 로켓이 계속하여 잡아당기고 있다고 하자. 엘리베이터 안의 사람은 이때 자기 몸에

〈그림 5-3〉 엘리베이터를 가속하면

힘이 작용하는 것을 느낀다. 손에 들고 있는 사과를 놓으면 바닥으로 떨어진다.

　이때 엘리베이터 안의 사람은 바깥에서 어떤 일이 일어났다고 생각할까? 두 가지 사고방식이 가능하다. 하나는 지구와 같은 별에 엘리베이터가 착지하여, 그 중력에 의해 몸이 무거워지고 사과가 떨어진다고 하는 생각이다. 이 경우 가속도계는 중력장을 만들어 낸 것이 된다. 그리고 또 하나의 사고방식은 글자 그대로 무엇이 엘리베이터를 잡아당겨 가속도 운동을 시키고 있다는 생각이다. 가속도 운동을 시키고 있는 물체 안에서는 관성력이라고 하는 힘이 작용한다. 이것은 전차나 엘리베이터가 가속하거나 감속할 때 그 안에서 우리가 평소에 느끼는 힘이다.

〈그림 5-4〉 중력이 작용했다고 생각해도 된다

어느 생각이 옳을까? 안에 있는 사람에게는 결정할 방법이 없다. 갈릴레이가 발견했던 그대로 중력에 의한 물체의 낙하 방법은 모두 같다. 한편, 관성력이 작용하는 방법도 중력과 똑같다. 관성력은 중력과 마찬가지로 물체의 질량에 비례한다.

　여기가 아인슈타인의 아이디어의 핵심이다.

　‘별(등의 물질)에 의한 중력과 가속도 운동에 의한 관성력은 구별할 수가 없다.’

　아인슈타인의 이 아이디어는 등가원리(等價原理)라고 불린다. 등가라고 하는 것은 중력과 관성력이 같은 것이라고 간주할 수 있다는 것이다.

두 질량의 불가사의한 일치

등가원리의 의미를 깊이 이해하는 데는 ‘무중력 공간에서 체중을 재려면 어떻게 하면 되는가?'라는 퍼즐을 생각해 보면 된다. 지상처럼 체중계 위에 올라앉아 본들 눈금은 영(0)을 가리킬 뿐이다.

여기에서 운동의 제2법칙에 나온 퍼즐(1장 뉴턴의 역학 참조)을 상기하자. 우주선 안의 무중력 공간에서 질량이 2배인 물체에 같은 크기의 힘을 가했을 때 가속도는 절반이었다. 무중력 공간에서 체중(즉 인간의 질량)을 재려면, 원리적으로는 같은 크기의 힘을 가해서 어느 정도로 가속하는가를 조사하면 된다. 이와 같이 물체의 '가속 곤란성'으로부터 측정하는 질량을 관성질량(慣性質量)*이라고 한다.

한편, 평소 우리가 지상에서 물체를 저울 위에 얹어 그 질량을 잴 때는 물체에 작용하는 중력의 크기를 재고 있는 것이 된다. 이리하여 측정되는 질량을 중력질량(重力質量)이라고 한다.

이 두 질량이 완전히 같은 것이라고 하는 보증은 특별히 없다. 그러나 아인슈타인을 본받아 갈릴레이의 떨어지는 물체의 법칙을 다시 한 번 잘 생각해 보면, 이 두 질량이 분명히 일치하고 있는 것을 안다.

질량의 대소에도 불구하고 물체는 똑같은 운동을 하여 동시에 낙하한다. 중력질량이 1kg인 물체와 2kg인 물체에서 작용하는 중력의 비는 1 : 2, 그리고 또 가속에 저항하는 관성질량의 비도 1 : 2이다. 그래서 동시에 낙하하는 것이다. 이와 같이 등가원리란 중력질량과 관성질량이 일치하고 있는 것을 가리키는

---

* 실제의 우주선에서는 용수철이 달린 용기에 사람을 태우고 진동시켜 진동의 주기로부터 체중을 구하고 있다. 여기서 재고 있는 것은 관성질량이다.

원리라고도 할 수 있다. 왜 이 두 질량은 일치할까? 그것은 모른다. 그러나 모든 실험은 이것의 일치를 보증하고 있다. 아인슈타인은 이 일치를 자연계 기본 원리의 하나라고 생각했던 것이다.*

일반상대성원리

등가원리는 동시에 관성계 이외의 가속도가 있는 좌표계를 다루는 가능성마저도 개척했다. 아인슈타인은 관성계뿐만 아니라 어떤 좌표계에서도 물리법칙은 같을 것이라고 생각했다. 그는 특수상대성원리를 확장하여

'어떤 좌표계로부터 보아도 모든 물리법칙은 똑같다'

고 하는 일반상대성원리를 물리학의 기본 원리로 삼았다.

등가원리와 일반상대성원리, 이 두 가지 원리 위에 조립된 것이 아인슈타인의 일반상대성이론이다. 이 이론은 한때 그로스만의 협력을 얻었으나 거의 아인슈타인의 독력으로 1915년에 완성되었다.

일반상대성이론은 뉴턴의 만유인력의 법칙에 수정을 강요하는 것이다. 중력조차도 공간을 순식간에 전해 가지는 못한다. 물질은 그 주위의 공간에 중력장을 만든다. 이 이론은 우주론, 블랙홀의 이론 등을 생각하는 기초다. 또 이 이론은 별의 폭발 등에 의한 중력장의 변화는, 중력파로서 전자기파나 빛과 같은 속도로 공간을 전파한다는 것을 예언한다.

여기에서는 아인슈타인을 세계적으로 유명하게 만든 중력장에

---

* 1970년대에 두 질량의 일치는 1조 분의 1의 정밀도로 확인되었다.

114

엘리베이터 안에서부터 보면 빛은 직진한다.

지상에서 보면 빛은 중력장에서 휘어진다.

〈그림 5-5〉 낙하하는 엘리베이터와 빛

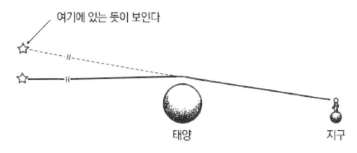

여기에 있는 듯이 보인다

태양   지구

〈그림 5-6〉 태양의 중력으로 빛이 휘어진다

의한 광선의 휘어짐을 발견하게 된 드라마를 살펴보기로 하자.

광선의 휘어짐과 일식

빛은 주위에 아무것도 없는 우주 공간, 즉 중력이 없는 곳에서는 직진한다. 그러나 중력장이 있는 곳에서는 어떠할까? 지표에서 엘리베이터가 바로 아래를 향해 낙하 운동을 하고 있을 때를 생각해 보자. 이 엘리베이터에는 작은 창문이 달려 있다. 그 창문으로부터 수평으로 빛이 쬐어 들고 있다고 하자. 엘리베이터는 자유 낙하를 하고 있으므로 그 안은 무중력 상태이다. 중력장이 없으므로 안에 있는 사람이 보면 당연히 빛은 직진하고 창문과 반대쪽 벽에 도달한다. 빛이 도달하는 점은 엘리베이터 안의 사람이 보면 창문과 같은 높이에 있다.

이 상태를 지표에 서 있는 사람이 관측했다고 하면 의외의 사실이 발견된다. 광속은 무한대가 아니므로 빛이 엘리베이터의 창문으로 들어와 반대쪽 벽에 도달하기까지는 아주 짧기는 하지만 시간이 걸린다. 그동안 엘리베이터는 낙하하고 있다. 따라서 빛은 수평으로 직진한 것이 아니라 약간 구부려져서 낙하

116

한 것이 된다.

지표에 서 있는 사람의 좌표계는 중력장이 있는 좌표계이다. 거기에서 빛은 직진하지 않고 구부러지게 된다. 지구와 같이 중력장이 약한 행성에서 광선의 휘어짐은 도저히 관측할 수 없을 만큼 작다. 그러나 태양과 같은 항성에서는 그 가까이 통과하는 빛이 많이 휘어질 것이다. 1911년이 되어 아인슈타인은 개기일식 때에 이 광선의 휘어짐을 관측할 수 있다는 것을 알았다.

일식 관측 탐험대

중력장에서 광선이 휘어진다고 하는 아인슈타인의 예언에 대한 관측은 좀처럼 성공하지 못했다. 1912년 아르헨티나 일식 탐험대는 불운하게도 계속되는 비로 방해를 받았다. 1914년의 독일 관측대는 1차 세계대전의 발발로 관측이 방해되었다. 1916년과 1918년의 일식에서도 관측은 성공하지 못했다.

"일식의 관측이 성공하건 말건 나는 이미 이론 체계 전체를 전혀 의심하지 않는다"라고 아인슈타인은 베소에게 보낸 편지에 썼다. 그러나 그가 줄곧 관측의 성공을 기대하고 있었던 것은 틀림없는 일이다.

1919년에 아인슈타인이 기다리고 있던 순간이 왔다. 1919년 5월 29일 일식을 관측하기 위해 영국에서 두 개의 관측대가 준비되었다. 하나는 A. S. 에딩턴이 거느리는 기니 관측대, 또 하나는 A. G. P. C. 크롬멜린이 거느리는 브라질 관측대였다. 관측 원리는 간단하다. 일식 때 태양 주변에 있는 별의 사진을 찍는다. 이 사진과 평소 태양의 중력장이 별에서 오는 빛에 영향을 받지 않을 때의 같은 별의 사진을 비교한다. 별의 위치가 비껴난 값이 아인슈타인의 예상대로라면 일반상대성이론이 옳다는 것의 결정적인 증거가 된다.

관측 결과는 1919년 11월 6일 런던에서 정식으로 발표되었다.

"감광판을 신중히 검토한 결과…, 이것들이 아인슈타인의 예언을 입증한 것으로 단언할 수 있습니다. 빛은 아인슈타인의 중력 법칙대로 편향(偏向)을 받는다는 지극히 명확한 결과가 얻어졌습니다."

(파이스)

태양 등의 중력장에 의해 빛이 휘어지는 현상은 중력 렌즈 현상이라고 불린다. 그러나 태양의 중력장에서는 그리 큰 효과가 일어나지는 않는다. 오히려 항성의 대집단인 은하계(10^{11}개쯤의 태양의 집단)의 경우에 큰 효과가 예상된다. 아인슈타인은 이 것을 1936년의 짤막한 논문에서 예측했다.

중력 렌즈 현상이 발견된 것은 1979년의 일이다. 발견자는 영국의 D. 월쉬이다. 그들은 그때까지 쌍둥이 퀘이사(quasar는 우주에 있는 미지의 천체)로 불리던 두 개의 퀘이사가 똑같은 종류의 빛을 내고 있는 것을 발견했다. 이 두 퀘이사의 빛은 실은 하나에서 나오는 것이었다. 그것이 중간에 있는 은하계의 중력장에 의해서 두 개로 나뉘어 보이고 있었던 것이다.

또 중력 렌즈 현상을 일으키는 은하 집단의 질량에 따라서는 광원인 퀘이사나 은하의 모습이 링 모양이 된다. 이 링은 아인슈타인 링이라고 불리는데, 1985년에 이와 같은 링이 발견되었다.

일그러지는 하늘나라의 빛

중력에 의한 빛의 휘어짐이 확인된 이튿날부터 아인슈타인은 과학자 집단뿐만 아니라 전 세계에 알려진 과학자가 되었다. 신문의 제목에는 다음과 같은 말이 춤추고 있었다.

1991년 11월 7일 : 런던 『타임스』

'과학의 혁명', '우주의 새 이론', '뉴턴설을 뒤집다'

1991년 11월 11일 : 『뉴욕타임스』

'하늘나라의 빛이 모두 일그러지다', '아인슈타인 이론의 승리'

아인슈타인은 과학자의 세계에서도 물론 높은 평가를 받고 있었다. 그러나 광선의 휘어짐을 확인하고, 더욱이 뉴턴의 만유인력의 법칙을 뒤집었다고 하는 충격적인 사실은 과학자가 아닌 일반 사람들에게도 큰 놀라움을 안겨 주었다.

온 세상에 이상하리만큼 큰 아인슈타인 붐이 일어났다. 1919년을 사이에 끼고, 세계에는 여러 가지 사건이 있었다. 1917년 11월 7일에는 레닌의 지도 아래 볼셰비키가 러시아 혁명을 일으켰다. 1918년 11월 11일에는 1914년 이래 계속되고 있던 1차 세계대전이 끝났다. 이와 같은 격동 시대에 과학의 혁명이 왜 커다란 붐을 불러일으켰는지, 그 원인은 여러 가지로 분석되고 있다. 우선 말할 수 있는 것은 전쟁으로 대립해 있던 독일과 영국 과학자의 협력이 사람들에게 강한 인상을 주었을 것이다. 이 무렵 매스컴은 신문, 잡지, 대량 출판, 영화 등의 형태로 큰 힘을 갖게 되었다. 그러나 붐의 원인은 그뿐이 아니었을 것이다. 아인슈타인 자신이 지니는 인간적인 매력, 순수과학 자체가 당시에 지니고 있던 매력, 이 두 가지가 커다란 요인이 되었을 것이라고 생각한다. 이 두 가지에 대해서는 다음에 나올 장에서 다시 언급하기로 하자.

3. 아인슈타인의 참모습

아인슈타인의 위기

얘기는 좀 거슬러 올라가지만 아인슈타인은 1917년, 38세이던 무렵부터 커다란 위기에 직면하고 있었다. 위기라고 하는 것은 병을 말한다. 베를린에서의 독신생활 중 간장병, 위궤양, 황달 등의 병을 앓아 몇 달 동안이나 병상에 누워 있어야 했다.

이런 병에 걸린 원인은 물론 지나친 연구 활동에 있었다. 30대의 그는 이상하리만큼 연구에 몰두해 있었다. 아마 그의 내부로부터 멈추려 해도 멈출 수 없는 그 무엇이 연달아 솟아나, 그 자신도 자기를 멈출 수 없었던 것이 확실하다.

그러한 그를 돌봐 준 것이 사촌 누이동생인 엘사였다. 아인슈타인과 엘사는 어릴 적부터 서로 잘 알고 있었다. 엘사의 헌신적인 간병 덕분에 아인슈타인은 건강을 회복할 수 있었다.

아인슈타인의 투병생활의 특징은, 그가 병에 시달리면서도 결코 연구를 중단하지 않았고, 이 시기에도 많은 연구 논문을 발표한 점이다. 그중에는 쌍둥이의 패러독스에 대한 논문도 있다.

크고 작은 집

광선의 휘어짐이 실증된 1919년, 아인슈타인은 엘사와 재혼했다. 엘사도 재혼이어서 아인슈타인은 일스와 마고라는 두 딸을 동시에 얻은 셈이 되었다. 네 사람은 하베르란트 거리 5번지에 집을 장만했다. 유명해진 아인슈타인의 집에는 항상 손님이 끊이지 않았다.

물리학자 P. 프랑크(오스트리아)는 이 집을 멋진 융단이 깔린 큰 집이라고 말하고 있다. 한편, 20세기의 희극왕 C. 채플린은 '검소하고 작은 집', '낡은 융단'이라고 『내 생애의 얘기』에서 말하고 있다. 어느 쪽이 사실일까? 요컨대 평가하는 기준이 달랐을 것이다.

1921년부터 아인슈타인은 세계 각지로 강연 여행을 나섰다. 방문국은 네덜란드 영국, 스페인, 체코슬로바키아, 팔레스타인, 남아메리카 그리고 일본 등이었다. 아인슈타인은 각국에서 대중들로부터 열광적인 환영을 받았다. 일본에서의 강연회도 청중이 초만원을 이루었고, 아인슈타인이 타는 기차나 역의 플랫폼은 기자와 카메라맨, 군중으로 넘쳤고 군중의 만세 소리가 울려 퍼졌다. 아인슈타인을 일본으로 초대한 것은 제국대학도 학사원도 아닌 출판사 '가이조(改造)'였다. 유럽에는 이름조차 잘 알려지지 않았던 민간 저널리즘의 초대에 아무 거리낌 없이 선뜻 응한 데에 아인슈타인의 인간적인 매력이 있었고, 그것이 사람들을 끌었을 것이다. (이시하라, 『아인슈타인 강연록』)

1922년 이 강연 여행 도중에 아인슈타인은 '이론물리학에 대한 공헌, 특히 광전효과의 법칙 발견'의 공적으로 1921년도 노벨 물리학상을 수상했다.

이 시기는 아인슈타인에게 절정기로 보인다. 그러나 조금씩 어두운 그림자가 그를 향해 엄습해 오는 시기이기도 했다. 아인슈타인이 독일로부터 강연 여행을 떠나는 데는 숨겨진 이유

〈그림 5-7〉 아인슈타인이 손수 만든 가족의 그림자 그림

가 있었다. 아인슈타인의 평화주의와 국가의 충돌이 시작되고 있었던 것이다.

미녀에게 약한 아인슈타인

엘사와 아인슈타인 사이는 좋았던 것으로 생각된다. 엘사는 게으름 피우기 좋아하는 아인슈타인을 꼼꼼히 잘 보살폈다. 사교성이 좋은 엘사는 집으로 찾아오는 손님도 잘 대접했고, 유명해진 아인슈타인에게 오는 수많은 방문객도 그녀가 응대했다.

다만 훌륭한 인격자인 아인슈타인에게도 약점은 있었던 것 같다. 아인슈타인의 집에서 일한 가정부 헬타는 인터뷰에서 그들 부부의 언쟁에 대해 다음과 같이 대답하고 있다.

"언쟁의 불씨는 늘 여성에 관한 일이었습니다. 선생님은 예쁜 여성에게는 맥을 못 추시는 분이어서, 그런 여성에게는 약했지요."(F.

헤르네크 『알려지지 않은 아인슈타인』에서)

실제로 아인슈타인이 토니 멘델이라는 여성과 사적인 교제를 하고 있었다는 증언이 있다.

토니 멘델은 화사한 몸차림의, 다만 남의 눈에 띄는 화려한 몸차림은 하지 않는 숙녀였다. 그녀는 아인슈타인과 비슷한 나이로, 아인슈타인이 베를린에 살고 있을 무렵에는 이미 남편과 사별해 있었다. 아인슈타인이 연주회나 오페라에 갈 때는 흔히 이 부인이 동행했다. 반 호반에 있는 그녀의 '백만장자용 별장'에 아인슈타인이 묵는 일도 많았다. (위에 인용한 책에서)

아인슈타인은 평상복을 즐겨 입었다. 바지와 와이셔츠는 헐렁헐렁한 것이 편했다. 스웨터도 늘 입던 낡은 것이 좋았다. 그는 새로운, 몸에 익지 않은 옷을 싫어했다. 딱딱하고 형식적인 의례복은 딱 질색이었다.

그래서 엘사는 그에게 새 옷을 입히느라 무척 고생했다. 이발소에 가는 것조차도 그는 싫어했다.

1929년 아인슈타인은 포츠담 교외의 호소 지대, 카프트라는 마을에다 별장을 마련했다. 50세 탄생 기념에는 베를린의 유복한 친구들로부터 요트를 기증받았다. 카프트에서 아인슈타인은 자유로운 시간에 연구를 하고, 요트를 타고, 숲을 산책하면서 쾌적한 생활을 보내고 있었다. 특히 요트는 그의 마음에 들어 친구들을 태우고 요트 놀이를 즐겼다.

4. 아인슈타인과 나치 독일, 그리고 국가

'위험한' 평화주의

아인슈타인은 애초부터 정치에 적극적으로 관여하는 사람이 아니었다. 그러나 그는 1차 세계대전(1914년 발발)의 시기부터 평화주의, 비폭력, 반독재의 입장에서 정치적인 문서에 서명하는 활동을 시작했다.

독일에서는 많은 과학자와 예술가 등이 독일의 침략 전쟁을 정당화하고, 독일 문화와 독일의 군국주의는 하나라고 하는 선언을 발표하고 있었다.

이것에 대해 그는 철저한 평화주의적 입장에서 비참한 전쟁을 종식시키기 위해 1915년, 유럽연맹을 결성하자는 '유럽인에게 보내는 선언'에 서명했다.

그러나 아인슈타인의 정치 활동 개시는 독일 내의 국가주의, 반유태주의와의 관계로 인해 아인슈타인의 상대성이론에 대한 공격으로 나타났다. 시간을 따라가면서 이 동안의 동향을 살펴보기로 하자.

1920년 : 베를린대학에서 아인슈타인이 강의하는 도중에 방해가 일어났다. 이해에 일반상대성이론에 반대하는 대중 집회가 베를린에서 열렸다. 이 집회에는 아인슈타인도 출석했다.
바트나우하임의 회의에서 노벨상 물리학자 P. 레나르트와 대결했다. 집회장은 무장한 경찰관에 의해 포위되어 있었다.

124

1922년 : 국제연맹의 지적(知的) 협력위원이 되었다. 이것은
　　　　 독일이 국제연맹에 가맹하기 4년 전의 일이다.
1925년 : 비폭력주의자 M. K. 간디(인도 독립의 아버지) 등과
　　　　 함께 병역 의무에 반대하는 성명서에 서명했다.
1930년 : 평화와 자유를 요구하는 국제부인연맹의 세계 군축
　　　　 성명서에 서명했다.
1932년 : 전쟁 반대자 C. 폰 오시에츠키(독일)의 반역죄에 대
　　　　 한 유죄 판결에 항의했다.
1932년 여름 : 암스테르담에서 열린 '제국주의적 침략 전쟁에
　　　　 반대하는 국제회의'에 주최자의 한 사람으로 참가했다.
1932년 가을 : 독일 파시즘에 대한 통일 전선의 결성을 호소
　　　　 하는 성명의 공동 기초자가 되었다.

독일로부터의 탈출

물론 이들 활동은 반유태주의, 애국주의의 나치로부터 공격
을 받았다. A. 히틀러가 거느리는 나치가 1933년에 정권을 장
악하고부터 공격은 더욱 치열해졌다. 노벨상 수상 학자인 레나
르트와 J. 슈타르크는 나치를 지지하는 과학자가 되어 있었다.
그들은 상대성이론이나 양자역학을 '유태과학'으로 몰아붙이고
이것들에 계속 반대했다. 슈타르크는 1937년이 되고서도 『네이
처』에

　"아인슈타인의 상대성이론은 시간, 공간의 좌표, 또는 그것들의
미분에 대한 제멋대로의 정의를 기초로 삼고 있는데, 이것은 독단주
의적 정신 산물의 전형적인 예다"

라고 아인슈타인을 공격하고 있다.

　아인슈타인의 신변에 위험이 다가오고 있었다. 독일을 탈출할 준비가 필요했다. 다시 시간을 따라 이 동안의 동향을 살펴보자.

1932년　12월 : 아인슈타인은 미국의 프린스턴고등연구소의 교수직을 받아들였다. 또 아인슈타인과 엘사는 미국 방문으로 떠났다. 그러나 이 이후 아인슈타인이 독일로 되돌아가는 일은 없었다.

1933년　3월　20일 : 『뉴욕타임스』는 나치 돌격대가 무기를 은닉하고 있다는 구실로 카프트의 별장을 가택 수색했다는 보도를 했다. 발견된 것은 빵을 자르는 식칼 한 자루뿐이었다고 한다.

1933년　3월　28일 : 아인슈타인은 프로이센과학아카데미를 탈퇴하고, 독일 국적을 포기한다는 성명을 낸다.

1934년　5~6월 : 수색을 위장한 나치 돌격대에 의한 아인슈타인 집에 약탈이 있었다.

1934~1935년 : 나치 정부는 아인슈타인의 국적(명예시민권)을 박탈하고 카프트 별장을 포함한 그의 재산을 몰수했고, '제국 및 국가 반역죄' 리스트에 싣고는 아인슈타인의 목에 5만 마르크의 상금을 걸었다.

　아인슈타인은 무사히 독일을 탈출할 수 있었으나, 그 후의 나치 독재 정권의 유태인 학대는 잔학성을 더해 갔다. 채플린은 영화 『독재자』에서 이를 풍자하고 비판했다.

　그러나 아인슈타인을 비롯한 학자, 예술가 등 특별한 재능이
인정된 사람은 행운이었다. 미국은 이들의 이주를 우선적으로
인정했기 때문이다. 일반 유태인에게 이주란 어려웠다. 그리고
1939년 2차 세계대전이 시작된 후, 유태인에 대한 학대는 더욱
치열해져 강제 수용소에서 수백 만의 유태인이 학살되었다.

　6장에서는 다시 한 번 특수상대성이론으로 돌아가, 그 중대
한 결과인 핵에너지의 문제를 미국으로 건너간 아인슈타인의
동향에 맞추어 살펴보자.

6장
핵에너지로의 길

1. 상대론은 역학을 바꿔 놓았다

뉴턴 역학의 모순

특수상대성이론은 맥스웰의 전자기학을 정당화하고 뉴턴 역학의 모순을 밝혀냈다. 뉴턴 역학은 특수상대성이론과 모순된다.

뉴턴 역학에 따르면, 로켓에 힘을 가하여 가속을 계속하면 로켓은 자꾸 빨라져서 언젠가는 광속을 넘어서게 될 것이다. 그러나 그런 일은 결코 일어나지 않는다.

현재는 싱크로트론 등의 거대한 입자가속기를 사용하여 전자, 양성자 등의 소립자를 가속하여 충돌시켜 소립자의 궁극 법칙을 캐는 실험이 이루어지고 있다. 그와 같은 실험에서 소립자는 광속의 99% 이상까지 가속되지만, 아무리 큰 힘을 가해도 광속에는 이르지 않는다.

질량의 증가

물체에 아무리 큰 힘을 가해도 광속을 넘어서지 않는다. 또 광속에 접근할수록 물체를 가속하기 위해 더 큰 힘이 필요하게 된다. 이것은 물체의 질량이 고속이 될수록 커진다는, 즉 고속인 물체일수록 무거워진다는 것이다.

그러나 물체의 질량이 변화한다는 것은 매우 생각하기 어려운 일이다. 일상생활에서 그런 일은 없으며, 학교의 물리나 화학 수업에서도 '물체의 질량은 변화하지 않는다'고 가르친다. 설탕 10g을 90g의 물에 섞으면 100g이 된다. 물질이 탈 때도 그 전후의 원자 수는 바뀌지 않기 때문에 질량은 변화하지 않는다고 한다. 이것은 질량보존이라고 하는 자연과학의 기초에 있는 법칙이 아니었던가?

그런데 특수상대성이론은 이 기본 법칙을 깨뜨려 버렸다. 아인슈타인의 이론에 따르면, 속도의 증가에 의한 질량의 증가는 이론의 자연스러운 결론이 된다.

그 결론을 제시하면, 정지해 있을 때의 물체의 질량을 m_0라고 하면 속도 v로 운동하고 있는 물체의 질량은

$$m = \frac{m_0}{\sqrt{1 - (\frac{v}{c})^2}}$$

이 된다. m_0는 물체의 정지 질량이며, 운동을 하고 있지 않을 때의 물체의 보통 질량이다. 이 식에는 시간 지연의 식과 마찬가지로 분모 안에 물체의 속도 v가 들어 있는 점에 주의하자. 이번에도

$$\sqrt{1 - (\frac{v}{c})^2} < 1$$

로 분모는 1보다 작다. 따라서

$$m > m_0$$

가 되어, 움직이고 있는 물체의 질량(m)은 정지 질량보다 커진다.

이 질량 증가의 식에 따르면, 이를테면 물체의 속도가 광속의 5분의 3이라면

$$m = \frac{m_0}{\sqrt{1 - (\frac{3}{5})^2}} = \frac{5}{4}m$$

130

〈그림 6-1〉 어떤 로켓이라도 광속에는 이르지 못한다

이 되어, 운동 물체의 질량은 정지 질량의 4분의 5배가 된다.

물체의 속도가 가령 광속이 되면 그 질량은 무한대가 된다. 이렇게 되면 아무리 큰 힘을 가해도 물체는 그 이상 빨라지지 않는다. 여기에서도 광속도가 자연계 최대의 속도라는 것이 재확인된다.

다만, 일상생활에서는 이 질량의 증가를 실감할 수가 없다. 시속 3,600㎞(거의 음속의 3배, 마하 3)의 제트기라도 그 질량의 증가는 불과 5×10^{-14}%에 불과하다.

질량이 증가한다고 하는 아인슈타인의 주장은 먼저 고속 전자의 운동에 대해 확인되었다. 1908년 A. H. 부헤러(독일)가 그 선두를 끊었고, 그 후 되풀이하여 확인되었다.

전자 질량의 증가는 가정 안에서도 일어나고 있다. 텔레비전의 브라운관 안의 전자는 브라운관 뒤쪽에 있는 전자총(電子銃)으로 가속된다. 가속하기 위한 전압은 2만 V 정도이다. 이때 전자의 속도는 초속 10㎞ 가까이에 도달한다. 이때 전자의 질량은 수 %가 증가해 있다.

여기에서 '빛 자체는 어떨까? 광속으로 달려가는 빛의 질량은 무한대가 되지 않을까?'라는 의문이 남을지 모른다. 빛은 정지질량이 없는 것으로 생각되고 있으며(도대체가 정지하지 않는다!) 그 때문에 질량 증가의 식을 따르지 않는 특별한 존재이다.

그리고 이 질량 증가의 식을 유도하는 데는 약간의 계산이 필요하다. 이것을 알고 싶은 독자는 『파인만 물리학』 등을 참고하기 바란다.

운동방정식의 운명은?

그런데 물체의 질량이 속도에 의해 변화하는 것이라고 하게 되면 뉴턴의 운동방정식

    질량 × 가속도 = 외부로부터 작용하는 힘

의 운명은 어떻게 될까, 하는 의문이 생긴다. 질량의 변화는 이 법칙에 어떤 영향을 주게 될까?

사실은 흥미롭게도 뉴턴 자신은 운동방정식을 현재 고등학교에서 가르치고 있는 위와 같은 형태로 나타내지 않았다. 『프린키피아』에는 운동의 제2법칙으로서

    '운동(량)의 변화는 가해진 동력에 비례하고 그 힘이 작용한 직선 방향을 따라서 이루어진다'

라고 기술하고 있다. 운동량이란 물체의 질량과 속도를 곱한 것을 뜻하고 있다. 즉

    운동량 = 질량 × 속도

이다. 다시 그는 구체적으로 말한다.

　'만일 어떤 힘이 하나의 운동(량)을 낳는다고 한다면, 2배의 힘은
　2배의 운동(량)을 낳고, 3배의 힘은 3배의 운동(량)을 낳을 것이다.'

　매우 이해하기 쉬운 설명이다.

　이 뉴턴의 설명을 현대식으로 해석하면, 그는 힘은 운동량의
변화를 낳는다고 생각하고 있었다는 것이 된다. 이것을 식으로
나타내면

　　매초의 운동량 변화 = 외부로부터 작용하는 힘

이 된다. 이렇게 해도 현재 운동방정식의 표현 방법과 다를 바
없다. 운동량이란 질량×속도를 말하며, 매초의 속도 변화가 가
속도이므로, 매초의 운동량 변화란 질량이 일정하면 곧 질량×
가속도인 것이다.

　뉴턴의 표현 방법에 의한 운동방정식은 상대성이론의 운동방
정식으로도 그대로 쓸 수 있다. 다만 이 경우의 질량은 질량
증가의 공식에 따라 변화한다. 뉴턴이 설마하니 질량의 변화까
지를 예측하고 있었다고는 생각되지 않지만, 그 운동방정식은
상대성이론 가운데서도 뜻을 바꿔 살아 있는 것이다.

2. 질량과 에너지의 새로운 관계

빛으로 만들어진 과자

　미야자와의 작품 『은하철도의 밤』의 초기 원고 가운데에 다

〈그림6-2〉빛의 과자

음과 같은 장면이 있다.

"아무리 그렇다고 하지만, 너무하잖아. 빛이 저런 초콜릿을 쌓아 올려놓은 듯한 삼각 팻말이 되다니."

조반니는 혼자서 무의식적으로 그렇게 외쳤습니다.

그러자 마치 그것에 응답이라도 하듯이, 어딘가 아주 먼 안갯속으로부터 첼로와 같은 윙윙거리는 목소리가 들려왔습니다.

"빛이란 것은 하나의 에너지야. 과자나 삼각 팻말도 모두 여러 가지로 조립된 에너지가 다시 여러 가지로 조립되어 이루어진 거야. 그러므로 규칙만 그렇게 되어 있다면 빛이 과자가 되는 수도 있는 거란다. 단지 네가 지금까진 그런 규칙이 있는 곳에 없었을 뿐이지. 여긴 숫제 약속이 틀리는 곳이니까 말이야."

조반니는 알 듯, 모를 듯한 이상한 마음이 들어 잠자코 거기를 보고 있었습니다. (『미야자와 겐지 전집』)

미야자와는 대학에서 자연과학(화학)을 전공했으므로, 이 문장은 상대성이론의 영향을 받았을 가능성이 있다. 상대성이론의 세계에서는 에너지와 물질에 대한 규칙이 바뀌어 버리는 것이다. 다만 상대성이론으로도 빛으로 과자를 만들 수는 없다.

질량과 에너지는 같다

질량의 증가라고 하는 상대성이론의 결론은 더욱 놀라운 발견으로 발전했다. 특수상대성이론의 획기적인 논문을 내놓은 1905년 9월, 아인슈타인은 「물체의 관성(질량)은 그 에너지에 의존하는가?」라는 불과 세 쪽짜리의 짧은 논문을 제출했다. 이 논문 가운데서 그는

1. 물체가 빛의 에너지를 복사하면, 그 질량은 감소한다.
2. 물질과 에너지는 같은 것이며, 물체의 질량은 그 에너지의 척도이다.

라고 주장했다. 질량과 에너지가 관계를 갖는다는 따위의 일은 매우 상상하기 어려운 일이다. 그러나 아인슈타인은 이 관계를 라듐과 같은 강한 에너지를 내는 물질에서 검출할 수 있을 것이라고 예언했다.

이 아인슈타인의 주장은, 물질을 가속하여 그 속도를 차츰 높여 갔을 경우(앞 절)로 되돌아가 생각하면 이해하기 쉽다. 물체의 속도가 올라가면 그 질량이 증가한다는 것은 이미 알고 있다. 그때 동시에 증가하고 있는 것은 물체의 에너지이다. 아

인슈타인이 말하고 있는 것은 에너지의 증가와 더불어 질량도 증가하고, 그 반대로 에너지의 감소와 더불어 질량도 감소한다는 것이다. 에너지와 질량은 본질적으로 같다는 것이다.

이리하여 유명한 아인슈타인의 관계식이 얻어진다.

$$E = mc^2$$

이 식에서 E는 에너지를 의미하고, m은 질량을 의미한다. 에너지와 질량 사이를 잇는 c는 광속이다. 광속 3×10^8을 제곱한 값, 즉 9×10^{16}이라는 큰 수가 두 개의 전혀 관계가 없다고 생각되던 것을 결부시키고 있다. 웬만큼 큰 에너지의 방출이나 흡수가 없으면 질량의 변화는 검출되지 않을 것이다. 아인슈타인은 라듐처럼 미지의 강력한 에너지를 방출하는 방사성 물질에 그 가능성을 예측했다.

그리고 그 예측은 옳았다.

빠른 입자일수록 무거워진다

전자 등의 입자가 달려가고 있을 경우, 아인슈타인의 식을 계산하면,

$$E = m_0 c^2 + \frac{1}{2} m_0 v^2$$

이 된다.

이 식은 근사적으로 성립하는 식이다. 여기에서 계산은 하지 않는다. 흥미를 가진 분은 『파인만 물리학』 등을 참고하기 바란다.

이는 이미 나왔던 정지 질량이며 물질이 정지해 있을 때의

질량을 나타낸다. 또 m_0c^2은 정지 에너지라고 불리며 물체가 정지해 있을 때에 지니고 있는 에너지이다.

한편 $\frac{1}{2}m_0v^2$은 뉴턴 역학으로 알려진 운동 에너지로, 이 식은 '물체의 에너지는 정지 에너지와 운동 에너지의 합'이라는 것을 가리키고 있다.

물체를 가속하면 에너지가 증가하고 동시에 질량도 증가한다. 이것은 이미 언급했듯이 대형 입자가속기(싱크로트론)에서 분명히 확인되었다. 지름이 수 킬로미터나 되는 가속기 안에서는 전자나 양성자 등의 입자가 광속의 99% 이상의 속도로까지 가속된다. 그러나 결코 광속을 넘어설 수는 없다. 광속에 접근함에 따라 질량 증가의 식

$$m = \frac{m_0}{\sqrt{1-(\dfrac{v}{c})^2}}$$

에서 확인했듯이, 입자의 질량(과 에너지)은 급속히 커지고, 가령 광속이 되었다고 하면 질량(과 에너지)은 무한대가 된다. 이 때문에 아무리 큰 힘을 가해도 입자는 광속에 도달하지 않는다.

라듐으로부터 원자핵의 변환으로

질량과 에너지의 관계는, 한편에서 아인슈타인이 예언한 라듐 등의 원자핵의 변환에서도 확인되었다. 방사선의 발견으로까지 간단히 거슬러 올라가 이 문제를 생각해 보자.

방사선의 발견은 퀴리 부부(프랑스)의 유명한 라듐 발견이 있기 수년 전의 일이다. 1896년 A. H. 베크렐(프랑스)은 우라늄

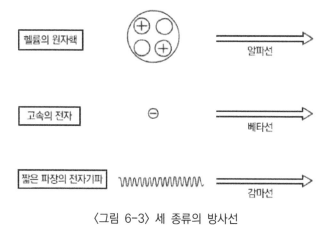

〈그림 6-3〉 세 종류의 방사선

을 함유하는 물질을 검은 종이로 싼 사진 건판(필름) 위에 얹어 두었다가 사진 건판이 감광되어 있는 사실을 알았다. 베크렐은 우라늄으로부터 미지의 방사선이 방출하고 있는 것을 여러 가지 조건에서 확인하고 발표했다.

퀴리 부부가 우라늄의 100만 배 이상이나 되는 방사선을 방출하는 라듐을 발견한 것은 1898년의 일로, 이 이후 미지의 방사선을 둘러싼 연구가 활발했다.

이들을 연구하는 가운데서 방사선의 정체를 알게 되는 동시에, 물질을 구성하고 있는 원자의 구조가 해명되어 갔다. 1911년, E. 러더퍼드(뉴질랜드 출신, 영국)는 원자의 중심에 원자핵이라고 하는 작은 덩어리가 있고, 그 주위를 전자가 돌고 있는 것을 발견했다.

연구가 진행됨에 따라 더욱 의외의 사실이 밝혀졌다. 방사선의 근원은 작은 원자핵 속에 있으며, 방사선을 방출하면 원자(핵)는 다른 원자(핵)로 바뀌어 버린다. 원자론은 고대의 그리스에서 시작하여 갈릴레이, 뉴턴의 시대에 재흥되어 20세기까지 과학을 리드해 온 사상이다. 그것은 원자가 물질을 구성하는 불변의 기본 입자라고 생각되었기 때문에, 원자 변환의 발견은 과학자들에게는 실로 의외의 일이었다.

연구는 더욱 급속히 진행되었다. 베크렐이나 퀴리가 발견한 것은 자연으로 일어나는 원자핵의 변환이었으나 1932년 J. 콕크로프트(영국), E. 월턴(영국)은 최초로 순수한 인공적인 원자핵의 변환에 성공했다. 즉, 인간이 원자를 주무를 수 있는 시대가 온 것이다.

그 무렵, 원자핵과 방사선의 정체에 대해서도 확실한 이해가 생겼다. 1932년, J. 채드윅(영국)은 중성자라고 하는 새로운 입자를 발견하고, 원자핵이 양성자(플러스의 전기를 가진 입자)와 중성자(전기를 지니지 않은 입자)의 두 종류로 이루어져 있다는 것을 밝혀냈다.

방사선에는 알파선(헬륨의 원자핵), 베타선(고속인 전자), 감마선(파장이 짧은 전자기파)의 세 종류가 있고 모두 원자핵 안에서 뛰어나온다는 것도 이때의 연구로 밝혀졌다.

이와 같은 원자핵의 변환과 아인슈타인의 질량과 에너지의 관계식은 어떤 관계가 있느냐? 이것이 핵심을 이루는 문제이다.

3. 아인슈타인과 원자 폭탄, 수소 폭탄

둘로 쪼개지는 우라늄

아인슈타인의 주장—질량과 에너지가 같다는 것과 핵반응의

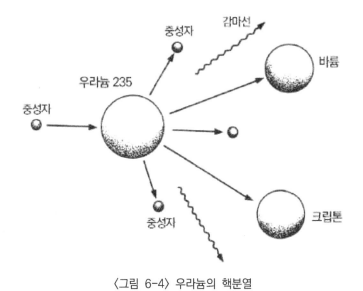

〈그림 6-4〉 우라늄의 핵분열

관계에 대해 우라늄의 핵분열을 예로 들어 생각해 보자.

원자핵의 변환이 확인되고부터 얼마 동안, 여기에서 실용적
인 에너지를 끄집어낼 수 있으리라고는 아무도 생각하지 않았
다. 핵반응을 일으키기 위해 필요한 에너지가, 핵반응으로 방출
되는 에너지보다 훨씬 컸기 때문이다.

그러나 2차 세계대전 직전, 그것도 히틀러의 지배하의 독일
에서 뜻밖의 일이 발견되었다. 1938년 12월 O. 한(독일)은 동
료와 함께 우라늄에 느린 중성자를 충돌시키면 질량이 우라늄
의 거의 절반인 바륨이라는 물질이 생성한다는 것을 발견했다.
그들은 이것을 우라늄의 원자핵이 분열한 것이라고 해석하고
이듬해 1월에 논문으로 발표했다(그림 6-4). 원자핵을 인공적으
로 분열시킬 수 있다고 하는 한의 발견은 물리학자들 사이에
일대 센세이션을 불러일으켰다. 우라늄이 분열할 때 에너지와

더불어 두세 개의 중성자가 발생한다. 이 발견에는 뒤에서 언급하듯이 우라늄이 연쇄반응을 일으킬 가능성을 숨기고 있었기 때문이다.

또 우라늄에는 세 종류의 동위원소(양성자의 수가 같고 중성자의 수가 다른 원소)가 있고, 핵분열을 일으키는 것은 그중의 우라늄 235라고 하는 원소이며, 천연 우라늄에는 0.7%밖에 함유되어 있지 않다.

여기에서 두 가지 문제를 생각할 필요가 있다. 우선 첫째로 핵분열에 의해 어떻게 하여 큰 에너지가 발생하느냐는 문제, 그리고 둘째로 연쇄반응이란 무엇인지에 대한 문제이다.

핵분열에 의해 핵의 질량이 줄어든다

우라늄에 중성자를 충돌시키면, 우라늄 원자핵은 거의 절반인 두 개의 원자핵으로 분열하고, 두세 개의 중성자가 튀어 나간다. 이때 분열 전 우라늄 원자핵과 중성자의 질량의 합과, 분열 후 두 개의 원자핵과 튀어 나가는 중성자 질량의 합을 비교하면, 분열에 의해 질량이 감소하고 있다(그림 6-5). 그리고 분열과 동시에 에너지가 분열 후 입자의 운동 에너지나 전자기파의 형태로 복사된다. 이때 감소한 질량과 튀어 나가는 에너지 사이에

$$E = mc^2$$

이라고 하는 아인슈타인의 관계식이 성립해 있다. 질량의 감소가 극히 적더라도 이것에 광속의 제곱을 곱한 에너지가 나오는 것이기 때문에, 핵에너지는 지금까지의 에너지와 비교하면 지

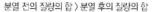

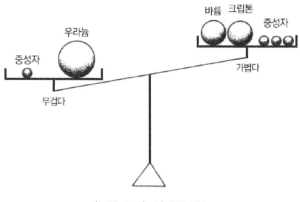

〈그림 6-5〉 질량의 감소

극히 큰 것이 된다.

우라늄의 에너지와 석유의 에너지를 비교해 보면 우라늄 235의 1㎏은 석유 1,800톤에 해당한다.

석유나 가스의 연소는 화학반응이다. 화학반응과 핵반응의 에너지 차는 어디서 오는 것일까? 화학반응에서 질량은 감소하지 않는 것으로 생각되고 있으나 사실은 감소하고 있다. 그것도 아인슈타인의 공식대로 말이다. 다만 그 질량의 감소는 매우 작다. 우라늄 235이 1㎏ 분열하면 그 질량은 0.9g의 감소, 즉 0.09%의 질량 감소가 일어난다. 한편 화학반응에서 질량의 감소는 불과 0.00000001%이다. 1톤의 석유가 연소해도 질량의 감소는 0.01g이다. 이것은 보통으로는 도저히 측정할 수 없는 크기이다.

그러므로 화학반응에서는 질량보존법칙이 성립하고 있다고 생각해도 문제가 없다.

질량의 결손

핵에너지의 방출이 원자핵 질량의 감소에 의한다는 것은 알았지만, 좀 더 깊이 생각하는 독자는

'왜 핵의 변환으로 질량의 변화가 일어나느냐?'

하는 의문을 가질지 모른다. 이 경우 질량의 변화는, 운동하는 입자가 운동 에너지에 관계하고 있던 것과는 달리 핵의 결합 에너지에 관계하고 있다.

원자핵의 양성자나 중성자를 결합하고 있는 힘은 지금까지 알려져 있던 중력이나 전자기력과도 다른 핵력이라고 하는 힘이다. 원자핵을 구성하고 있는 입자 중 양성자는 플러스의 전기를 가지고 있으므로 서로 반발할 것이다. 그런데도 불구하고 여러 가지 원소의 원자핵이 안정해 있다는 것은 전자기력보다 강한 인력이 양성자와 중성자 사이에 작용하고 있다고 생각할 수 있다. 이 인력을 핵력이라고 한다.

이를테면 헬륨의 원자핵을 예로 들어 핵력의 결합 에너지 문제를 생각해 보자. 헬륨의 원자핵은 두 개의 양성자와 두 개의 중성자로 구성되어 있다. 이 원자핵을 분산시키기 위해서는 핵력에 저항하는 힘을 가할 필요가 있다. 즉, 어떤 에너지를 줄 필요가 있다.

즉, 양성자와 중성자가 결합해 있는 상태보다 분산되어 있는 상태가 보다 많은 에너지를 가지고 있다. 이 에너지의 차를 원자핵의 결합 에너지라고 한다.

이것을 아인슈타인의 질량과 에너지의 동등성으로 생각하면, 헬륨의 원자핵이 결합해 있는 상태는 분산해 있는 상태보다 에

너지가 작기 때문에 질량이 감소해 있다는 것을 의미한다. 이 것은 질량 결손이라고 불리며, 헬륨뿐만 아니라 모든 원자핵에 서 일어나는 공통 현상이다. 모든 원자핵의 질량은 양성자와 중성자가 분산되어 있는 상태인 때보다 작다.

핵에너지의 근원은 이 질량 결손, 즉 핵의 결합 에너지에 있 다. 그러나

'핵분열일 때는 양성자와 중성자가 분산되기 때문에 도리어 에너 지가 필요하지 않을까?'

라는 의문이 생기게 된다. 여기에서 다시 한 걸음 더 깊이 생 각해 봐야 한다. 우라늄처럼 무거운 원자핵과, 분열로 생기는 바륨과 같이 중간 정도의 무게인 원자핵에서는 결합의 세기가 다른 것이다. 우라늄은 큰 원자핵이므로 결합이 느슨하고, 분열 파편인 바륨 등의 질량 결손 합계보다 질량 결손이 적다. 이것 이 앞에서 말한 분열 전후 질량의 합의 차이다. 이와 같은 질 량 결손의 차가 핵분열 에너지를 낳게 하는 셈이다.

또 핵에너지가 화학반응에 의한 에너지보다 엄청나게 큰 이 유는 핵력이 화학 결합의 원인인 전자기력보다 엄청나게 세다 는 점에 있다.

성냥이 타는 것도 연쇄반응

두 번째 문제는 연쇄반응이란 무엇이냐는 것이었다. 연쇄반 응이라고 하면 어려운 것처럼 들리지만 별로 그런 것은 없다. 물질(나무든 가스든 무엇이라도 좋다)이 탈 때는 언제든지 탄소나 수소(또는 이들의 화합물)의 산화연쇄반응이 일어난다. 지금은 그

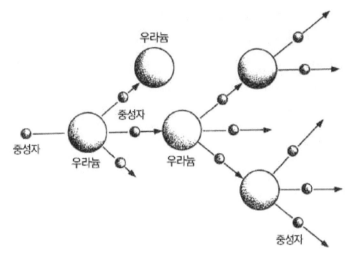

〈그림 6-6〉 우라늄의 연쇄반응

다지 사용되지 않지만, 성냥을 켰을 때 팍 하고 타오르는 것이 연쇄반응의 전형이다. 성냥을 잘못 켜서 불이 꺼져 버리는 것은 연쇄반응이 실패한 것이다.

O. 한의 발견을 한 걸음 더 밀고 나가면 다음과 같이 된다. 먼저 우라늄에 느린 중성자를 충돌시킨다(그림 6-6). 그러면 우라늄이 분열하여 생긴 두세 개의 중성자 중 어느 것이 다른 우라늄에 충돌하여 이것을 분열시킨다. 그러면 그 우라늄으로부터 다시 중성자가 생기고…, 이하 마찬가지로 하여 핵분열이 계속된다.

이 우라늄의 연쇄반응을 급격히 일으키면, 지금까지와는 크기가 다른 엄청나게 무서운 폭탄이 된다. 이것이 원자 폭탄이다. 한편 연쇄반응을 컨트롤하여 서서히 핵분열을 시켜 가면 조금씩 에너지를 끌어낼 수 있다. 이것이 원자로이며 현재는 원자력발전에 사용되고 있다.

이와 같이 핵반응으로부터 인간생활이나 전쟁에 실제로 관계가 있는 큰 에너지를 끌어낼 가능성이 있다는 것을 알았기 때문에, 과학자들이 강한 충격을 받은 것은 당연한 일이었다.

아인슈타인의 편지

우라늄 핵분열 발견의 뉴스는 아인슈타인에게도 알려졌다. 이 무렵 아인슈타인은 미국의 프린스턴고등연구소에 있었다. 그리고 미국에는 히틀러와 B. 무솔리니(이탈리아의 독재자)로부터 망명해 온 물리학자가 많이 있었다. 그들은 나치 독일 아래서 원자 폭탄이 개발되는 것을 두려워했다. 이탈리아로부터 망명해 온 L. 실라르드, E. 텔러 등이 특히 원자력 에너지의 개발에 적극적이었다.

1939년 8월 2일, 실라르드는 E. 텔러(후에 미국의 수소 폭탄을 개발)가 운전하는 차로 아인슈타인의 별장(롱아일랜드)을 찾아갔다. 실라르드는 아인슈타인에게 당시 미국 대통령 F. D. 루스벨트에게 편지를 쓰도록 권했다. 편지의 글은 실라르드가 쓰고 아인슈타인이 이것에 서명했다.

이리하여 태어난 아인슈타인의 1939년 8월 2일 자 루스벨트 대통령 앞으로의 편지에는 다음과 같은 요지의 내용이 적혀 있었다.

대량의 우라늄을 사용하여 핵분열 반응을 일으키는 것이 가능해졌습니다. 이 현상을 이용한 매우 강력한 신형 폭탄의 제조도 생각할 수 있는 시대가 되었습니다.

1. 연쇄반응을 연구하고 있는 물리학자들과 정부가 항상 연락을

취할 수 있을 만한 기관을 만드는 것이 좋을 것입니다.

2. 미국으로의 우라늄 공급을 확보하도록 유의하는 것이 좋을 것
입니다.

3. 원자력에 대한 대학의 연구에 기업이나 개인에 의한 자금 협
력을 얻을 수 있도록 하는 것이 좋을 것입니다.

독일은 체코슬로바키아에서의 우라늄 판매를 정지하고 있습니다.
아마 독일에서는 핵에너지 연구가 추진되고 있는 것으로 보입니다.

이 편지야말로 아인슈타인이 그 후 '생애 단 한 번의 큰 실
수였다'고 후회했던 유명한 편지이다.

맨해튼 계획

아인슈타인의 편지가 루스벨트의 원폭 개발 계획의 결단에
어느 정도의 영향을 끼쳤는지에 대해서는 주장이 갈라져 있다.
그러나 전혀 영향이 없었다고는 말할 수 없다.

1941년 12월 7일(현지 시간), 군사 독재 국가였던 일본의 해
군에 의한 진주만 기습으로 태평양 전쟁이 시작되어, 세계는
주축국(독일, 이탈리아, 일본)과 연합국(영국, 프랑스, 미국 등)으로
이분되어 2차 세계대전은 더욱 치열해졌다.

1942년 6월 루스벨트 대통령은 맨해튼 계획이라는 비밀 원
폭 개발 계획을 출발시켰다. 계획 전체의 지휘자는 직업 군인
인 L. 그로브스 장군이 맡고, 관계한 과학자는 E. 페르미(이탈
리아), A. 콤프턴(미국), E. 로런스(미국), H. A. 베테(미국), J. 채
드윅(영국), N. 보어(덴마크), E. G. 세그레(이탈리아), I. I. 라비
(미국), R. P. 파인만(미국) 등의 노벨상 물리학자들이었다. 온갖
준비를 갖춘 후 드디어 폭탄의 설계, 조립 단계가 되자 특별한

비밀 연구 시설이 필요하게 되었다. 그로브스는 이론물리학자 R. 오펜하이머(미국)를 소장으로 선정했다. 오펜하이머는 뉴멕시코주의 로스앨러모스라는 민가와 멀리 떨어진 곳에 연구소를 설립했다. 거기에서 세계 최초의 세 개의 원자 폭탄이 만들어졌다.

그중의 한 발은 1945년 7월 16일 실험을 위해 뉴멕시코주 알라모골드(트리니티 사이트)에서 폭발되었다.

그리고 나머지 두 발이 일본의 히로시마(廣島)와 나가사키(長崎)를 지옥으로 만들었다.

히로시마와 나가사키

히로시마와 나가사키의 참상은 일본에서는 잘 알려져 있다. 그러나 세계의 사람들은 어떻게 하여 알았거나 알지 못했을까?

또 원자 폭탄을 개발한 물리학자들, 그리고 편지를 썼던 아인슈타인은 무엇을 느끼고 생각했을까? 이 문제는 다음 장에서 자세히 살펴보기로 하겠지만, 여기에서는 처음으로 히로시마의 상황을 세계에 전한 '라디오 도쿄'(일본 육군참모본부의 해외 선전 방송)의 소리를 실어 둔다(이 방송은 오랫동안 묻혀 있다가 1989년 미국이 기록했던 레코드판에서 재생되었다).

'태양이 떠오른 지 얼마 후였다. 시민은 직장으로 향하고 있었다. 초등학생은 교정에서 체조를 하고 있었다. 원자 폭탄이 투하된 후 히로시마 상공에는 검은 연기밖에 보이지 않는다고 미국 정찰기는 보고했다. 그 거대한 검은 연기 아래서 이루어진 살육의 참혹함을 여러분은 상상조차 할 수 있을까?'

'순식간에 죄 없는 여성과 어린이들이 무차별로 죽임을 당하고,

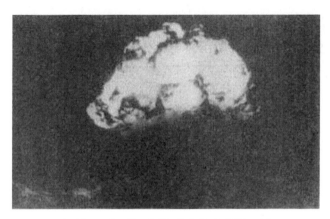

〈그림 6-7〉 미국의 첫 번째 원자 폭탄 실험

히로시마시의 3분의 2 이상이 파괴되었다. 원자 폭탄이 투하되었을 때 초등학생은 교정에서 한참 아침 체조를 하고 있었다. 미국군은 냉혹하게도 최악의 시각에 공격했던 것이다. 사람들은 화상으로 피부가 짓무르고 괴로움에 몸부림치고 있다.'

'원자 폭탄은 바야흐로 온 세계의 비판의 과녁이 되었다. 그것은 '인류에 대한 저주'이다. 죄 없는 시민의 대학살상은 말로 표현할 수 없다. 이 죽음의 병기를 계속하여 사용한다면 모든 인류와 문명은 파멸할 것이다.'

7장
아인슈타인과 현대물리학, 그리고 사회

1. 양자역학과 아인슈타인

물리학의 또 하나의 혁명

우리는 이제 마지막 장까지 왔는데, 우선 아인슈타인과 현대 물리학의 관련을 생각해 보고, 끝으로 아인슈타인의 생애를 통하여 과학자와 사회의 문제(이것은 우리의 생존 문제이기도 하다)를 생각해 보기로 하자.

20세기의 물리학을 말할 때 아인슈타인의 상대성이론과 더불어 양자역학에 대해 언급하지 않을 수 없다. 상대성이론과 양자역학의 탄생은 20세기 물리학의 2대 혁명이다.

양자역학은 마이크로(微視) 세계의 물리학이다. 마이크로 세계란 분자나 원자의 내부를 가리킨다. 마이크로 물리학이라고 하는 것은 동시에 빛의 물리학이기도 하다. 왜냐하면 빛은 원자나 분자로부터 복사되고 원자나 분자에 흡수되는 것이기 때문이다.

양자역학의 발달은 1900년 M. 플랑크에 의한 광자의 발견에서 시작했다. 광자란 빛이 입자성을 지니고 있다는 것을 가리키는 말인데, 빛의 입자성을 명확히 인식한 것은 다름 아닌 아인슈타인이다. 1905년 상대성이론 논문을 발표한 해, 아인슈타인은 또 하나의 매우 중요한 논문을 완성하고 있었다. 그것은 금속에 빛을 충돌시켰을 때 전자가 튀어나오는 '광전효과'에 관한 것이었다. 이 논문에서 아인슈타인은 빛이 파동의 성질과 더불어 입자의 성질도 지닌다는 것을 명확히 하고, 빛의 에너지인 작은 덩어리에 광자(Photon)라는 이름을 붙였다. 다시금 입자설을 부각시킨 이 발견의 획기적인 성격은 이해가 되었을

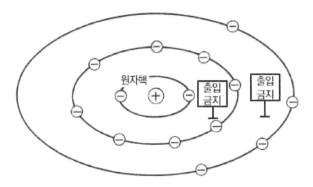

〈그림 7-1〉 보어의 띄엄띄엄한 궤도

것으로 생각한다. 빛의 파동설, 그리고 그 전자기파설이 확립되고부터 아직 반세기쯤밖에 지나지 않았던 때이다.

해명된 원자의 구조

빛의 입자성의 발견은 원자의 구조를 해명하는 문제와 결부되어 과학자들을 흥분의 도가니 속으로 휩쓸어 들였다. 그 가운데서 1913년 보어는 수소 원자의 구조에 관한 획기적인 논문을 발표했다.

이 논문은 마이크로 세계에서 뉴턴 역학이 성립되지 않는다는 것을 주장하고 있었다. 보어가 주장하는 핵심은 원자핵 주위를 도는 전자가 일정한 반경의 궤도밖에 취할 수 없다는 데에 있다. 뉴턴 역학에서 설명하는 태양계에서의 행성은 어떠한 반경의 원 궤도(또는 타원 궤도)를 취할 수 있다. 무수한 소행성이나 인공 행성의 존재가 그것을 증명하고 있다. 그러나 원자 안은 태양계와는 전혀 다른 세계였다. 전자가 정해진 반경 이외의 궤도를 더듬어 가는 것은 결코 불가능하다는 것이다.

152

〈그림 7-2〉 양자역학의 창시자 하이젠베르크

그러나 보어의 이론은 아직 완전한 것은 아니었다. 마이크로 세계의 해명을 위해 물리학자는 다시 지금까지의 상식을 버려야만 했다.

1925년 W. 하이젠베르크(독일)는 마이크로 세계를 정확히 기술할 수 있는 수학적인 방법을 발견했고, 그것과는 별도로 E. 슈뢰딩거(오스트리아)는 1926년 마이크로 세계에서 성립하고 있는 방정식(슈뢰딩거의 파동방정식)을 발견했다. 이것은 뉴턴의 운동방정식을 대신하는 마이크로 세계의 기본 방정식이다.

아인슈타인의 저항

기본 방정식이 발견되면 이것으로 이론은 완성되었다고 말하고 싶지만, 그렇게 되지 않았던 데에 사태의 심각성이 있다. 여기에서 보어, 하이젠베르크와 아인슈타인, 슈뢰딩거 사이에 치열한 논쟁이 펼쳐진다. 하이젠베르크 등은 '원자의 내부와 같은 마이크로한 세계에서는 전자의 위치와 속도를 동시에 정밀하게 측정할 수 없다. 양자역학에서는 그들 값의 확률만을 계산할 수 있다'고 주장했다. 이것은 또 뉴턴 역학이나 맥스웰 전자기학의 사고방식과는 결정적으로 대립되는 사고방식이었다. 아인슈타인은 이 생각에 정면으로 반대하여 치열한 논쟁이 전개되었다. 아인슈타인은 확률밖에 알지 못한다는 것은 있을 수 없는 일이라고 주장했다. '신은 주사위를 던지지 않는다'고 하는 사상이 그의 주장의 근저에 있었다.

그러나 양자역학은 그 후 확실한 발전을 이룩하여 현대에는 분자, 원자 그리고 그것들로 구성되는 물질을 해명하기 위해서는 없어서는 안 될 이론이 되었다. 반도체, 레이저, 초전도 등은 양자역학 없이는 이해할 수가 없다.

하지만 아인슈타인은 양자역학은 잠정적으로는 인정할 수 있는 이론이지만 최종적인 것은 아니라는 주장을 최후까지 고수했다. 이 무렵 아인슈타인의 문제의식은 물리학자들의 주류와는 달랐으며, 이후 그는 고독한 가운데서 통일장(統一場)이론의 연구에 생애를 걸게 된다.

2. 일반상대론과 통일장이론

아인슈타인의 통일이론 시도

아인슈타인이 여생을 걸고 대결한 것은 중력과 전자기력을 통일하는 이론이었다. 특수상대성이론이 전자기장의 이론이고,

맥스웰의 전자기학에 의한 전자기력의 정당성을 명확히 한 일
은 이미 앞에서 언급했다. 또 일반상대성이론이 중력장의 이론
이며, 중력을 해명한 이론이라는 것도 간단히 언급했다.

아인슈타인이 목표로 한 것은 전자기력과 중력을 통일하는
이론이었다. 전자기력과 중력은 각각의 상대성이론으로 다룰
수 있으나 이 두 가지 힘을 통합하여 설명할 수는 없었다. 두
종류의 힘을 하나의 이론으로 설명할 수 있다면, 자연계를 궁
극적으로 설명할 수 있는 이론이 되지 않을까? 그것은 전자기
장과 중력장을 통일하여 다룰 수 있는 장(場)의 이론이므로 통
일장의 이론이라고 불린다.

아인슈타인은 1922년 통일장이론에 대한 첫 논문을 발표했
다. 그 후도 대부분의 연구에 대한 열정을 이 이론에다 쏟아
넣었다. 앞에서도 언급했듯이 아인슈타인은 양자역학의 확률적
인 부분을 인정하지 않았고, 오히려 일반상대성이론 쪽이 기본
적인 것이라고 생각했다. 1949년 그는 베소에게 보낸 편지에
다음과 같이 적었다.

통계(양자)이론은 피상적이며, 일반상대론의 원리에 의해 지지되어
야 한다고 확신하고 있습니다. (파이스)

프린스턴에서 아인슈타인의 조수로 일한 E. 스트라우스(독일)
는 아인슈타인의 연구 자세에 대해 다음과 같이 말하고 있다.

그는 항상 궁극적으로 정당하며, 더구나 훌륭한 물리학의 이론이
있다는 것을 믿고 있었기에 '신은 보통 수단으로는 다룰 수 없지만,
심술쟁이는 아니다'라고 말하고 있었다. 그것은 궁극적인 법칙을 발
견하는 데는 복잡한 수학이나 전문 기술이 필요하지만, 일단 신의

복잡한 솜씨를 이해할 수 있게 되면, 신은 우리를 속여 골 밖으로 비껴 나게 하는 일은 하지 않는다는 뜻이다. 행복하게 살고 싶다면 남이나 사물에 신경 쓰며 마음을 괴롭히지 말고, 확고하게 자신의 목표를 정해야 한다'는 것이 그의 생활신조였다. (A. P. 프렌치 엮음, 『아인슈타인』)

그러나 아인슈타인의 후반생을 건 연구는 결국 열매를 맺지 못했다. 통일이론을 겨냥하기에는 아직 시기가 너무 일렀던 것이다. 물리학의 주류는 다른 곳에 있었고, 새로운 발견이 연달아 있었으며 이론도 다른 방향으로 움직이고 있었다.

현대의 통일이론에 대한 도전

새로운 발견이란 소립자론(小枝子論)이다. 1932년, C. 앤더슨(미국)에 의해 양전자(플러스의 전기를 가진 전자)가 발견된 것이 소립자론의 실마리이다.

1934년, E. 페르미는 원자핵이 베타선을 방출할 때 중력이나 전자기력과는 다른 새로운 힘(약한 힘이라고 한다)이 작용하고 있다는 것을 발견했다.

또 1934년 유카와 히데키(湯川秀樹, 일본)는 원자핵 안의 양성자, 중성자를 결합하고 있는 강한 힘(핵력)과 그 힘을 중개하는 것이 중간자라는 입자의 이론을 제출했다(중간자란 질량이 전자와 양성자, 중성자의 중간인 입자이다). 그 후 중간자의 존재가 실험으로 확인되었다.

이와 같이 물질을 구성하고 있는 입자(소립자)는 양성자, 중성자, 전자뿐이 아니라 많이 있다는 것을 알게 되는 동시에, 자연계에는 중력, 전자기력, 약한 힘, 강한 힘의 '네 가지 힘'이 있

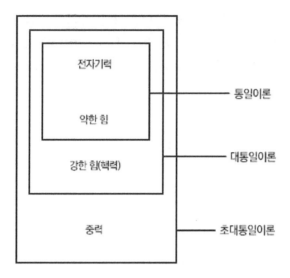

전자기력

약한 힘 ────────── 통일이론

강한 힘(핵력) ────────── 대통일이론

중력 ────────── 초대통일이론

〈그림 7-3〉 궁극 이론으로의 도전

다는 것을 알았다.

그리고 이들 네 가지 힘을 통일하여 다룰 수 있는 이론이 물리학자의 궁극 목표가 되었다. 이 통일이론은 아인슈타인의 신념과는 달리 양자역학을 딛고 서는 형태의 것이 될 거라고 여겨지고 있다.

현재로는 네 가지 힘을 통일하는 이론은 완성되지 않았다. 특수상대성이론을 도입한 마이크로 세계에서의 전자기력과 빛의 이론(양자전자기학)은 파인만, J. S. 슈윙거(미국), 도모나가 신이치로(朝永振一郞, 일본)에 의해 1947년 완성되었다.

전자기력과 약한 힘을 통일하여 다룰 수 있는 이론은 S. 와인버그(미국), A. 살람(파키스탄)에 의해 1967년부터 1968년에 걸쳐 만들어졌다.

전자기력과 약한 힘에 강한 힘(핵력)을 보태어 세 가지 힘을

통일하려는 이론을 대통일이론(大統一理論)이라고 한다. 1974년
에 S. L. 글래쇼(미국)와 H. 조지는 대통일이론을 제창했다.

또 그에 더하여 중력을 포함하는 네 가지 힘을 통일적으로
다루는 이론을 초대통일이론(超大統一理論)이라고 하는데, 현재로
서 아직 이 이론은 만들어지지 않았다. 아인슈타인이 해결할
수 없었던 커다란 문제가 다시 클로즈업되고 있다. 그리고 마
이크로한 세계의 문제는, 우주의 구조와 그 탄생이라고 하는
매우 스케일이 큰 문제와도 결부되어 있다.

우주론과 일반상대론

우주를 생각할 때 일반상대성이론은 큰 역할을 한다. 일반상
대성이론이 탄생한 직후에는 이론의 스케일이 너무 커서 실용
과는 결부되기 어려웠기 때문에 그다지 연구자의 주목을 끌지
못했다. 그러나 최근에는 빅뱅(big bang) 우주론과 결부되어 다
시 각광을 받고 있다. 몇 가지 예를 들어 보기로 하자.

현재 우주론의 주류를 이루는 빅뱅 우주론에서 우주는 백수
십억 년쯤 전의 대폭발에 의해 시작되었다고 생각하고 있다.
그 후 우주는 현재까지 팽창을 계속하고 있다는 것이 관측되었
다. 일반상대성이론에서 우주는 정상 상태로는 존재할 수 없고,
팽창을 계속하고 있거나 수축하고 있거나 하는 두 가지 대답밖
에 나오지 않는다. 이것은 팽창 우주론을 뒷받침하는 것이다.
그러나 앞으로 우주가 팽창을 계속할 것인지, 아니면 어딘가에
서 팽창이 멎고 다시 수축할 것인지, 이 문제는 아직 해결되지
않고 있다.

블랙홀, 이것도 일반상대성이론에 의해 이론적으로 예언되어

그 존재는 현재로서는 틀림없는 것으로 생각되고 있다. 별의 탄생과 죽음. 초신성은 별이 죽는 순간의 폭발이며, 그 뒤에 남는 것이 블랙홀이다. 거기에서 중력은 매우 강하기 때문에 중력장을 다루는 일반상대성이론이 위력을 발휘한다.

우주가 탄생했던 고온 상태, 거기에서는 네 가지 힘이 어떻게 되어 있었을까? 이 문제가 마이크로한 소립자의 세계와 마크로한 우주를 결부한다. 이와 같이 현대물리학은 거대한 우주와 극미 세계의 문제가 얽히는 형태로 궁극의 이론을 찾아 나아가고 있다.

3. 아인슈타인과 과학자와 전쟁

히로시마, 나가사키와 물리학자들

맨해튼 계획의 목적은 나치 독일이 원자 폭탄을 개발하기 전에 원자 폭탄을 만들어 나치의 세계 제패를 막는 데에 있었다. 그러나 1945년 5월 독일이 항복함으로써 최초의 목적은 사라졌다.

미국, 영국 등의 물리학자는 독일의 뛰어난 물리학자인 하이젠베르크를 중심으로 하는 그룹이 원자 폭탄을 개발하고 있지 않을까 두려워하고 있었다. 그러나 독일에서는 군부로부터 원자 폭탄을 검토하라는 지시는 있었지만 원자 폭탄의 개발은 하고 있지 않았다.

하이젠베르크는 나치를 위해 원자 폭탄을 만들 생각은 없었다고 그의 자서전에서 말하고 있다. 독일의 과학자들은 이론적으로나 기술적으로, 또 전시하의 독일에서 원자 폭탄을 만들 가능성은 없는 것으로 생각하여 원자로 연구에 힘을 쏟고 있었다. 망명 과학자를 포함한 미국과 영국의 물리학자들은 환상에 지레 겁을 먹고 있었던 것이다.

독일이 항복한 후, 그런 사실은 뚜렷이 밝혀졌다. 그런데도 맨해튼 계획은 속행되었고 7월의 실험이 있은 후, 두 개의 원자 폭탄이 일본에 투하되었다. 왜? 맨해튼 계획에 관여한 과학자 중에는 일본에 대한 원자 폭탄 투하에 반대한 과학자도 있었다. 그러나 그들의 소리는 정치가, 군인, 투하에 찬성하지 않는 과학자들에 의해 봉쇄되었다.

원자 폭탄 투하의 뉴스를 아인슈타인은 어떻게 받아들였을까? 그는 강한 충격을 받고 '참혹하다'고 말할 뿐 오랫동안 입을 열지 못했다. 그는 맨해튼 계획에 직접적으로 관여하지는 않았지만, 미국 해군의 연구 개발 부문 '고성능 폭발 및 방사약' 담당 고문이라는 형태로 군사 연구에 관계하고 있었다.

핵분열의 발견자 O. 한은 원자 폭탄 연구에는 일절 관여하지 않았는데, 히로시마에 대한 원자 폭탄 투하 때는 연합군의 포로로 런던에 유폐되어 있었다. 한은 극도로 강한 충격을 받아, 함께 유폐되어 있던 주위의 과학자들은 그가 자살하지 않을까 하고 걱정했다.

그러나 한이나 아인슈타인의 반응은 양심적인 부류에 속한다. 맨해튼 계획에 관여했던 과학자들은 이 계획을 다음과 같이 회고하고 있다.

전후에 노벨상을 수상한 뛰어난 물리학자 파인만은 말한다.

"어쨌든 원자 폭탄 실험이 있은 후 로스앨러모스는 흥분으로 들

끓고 있었다. 모든 사람은 파티, 파티로 여기저기 뛰어다녔다." (파인만 『농담이시겠지요, 파인만 씨』)

오펜하이머는 다음과 같이 말했다.

"누구나 원자 폭탄 개발 계획의 위대함을 알아채고 있었던 셈입니다. 그리고 잘되기만 하면, 즉 조기에 그 목적을 수행한다면 전쟁의 결과에 영향을 미치리라는 것을 알고 있었습니다." 〔아다치 수미(足立壽美), 『오펜하이머와 텔러』〕

또 오펜하이머는 이렇게도 말하고 있다.

"그것은 기술적으로는 너무나 감미롭기 때문에 무의식 중에 끌려들어가 일을 저지르고 맙니다. 그리고 성공한 뒤에야 어떻게 할 것인가, 하고 논의하는 것입니다." (위의 책에서)

2차 세계대전 후에도 오펜하이머가 말한 대로 사태는 진전했다. 맨해튼 계획 당시 젊은 축에 속했던 텔러는, 그 후 군부와 함께 수소 폭탄 개발을 적극적으로 추진하여 1980년대부터 90년대에는 SDI(미국의 우주 전쟁 계획)의 리더가 되었다.

러시아(구 소련)에서도 원자 폭탄, 수소 폭탄, 탄도 미사일의 연구가 마찬가지로 추진되었다. 원자 폭탄의 개발은 국가 비밀 경찰의 관할 아래서 로스앨러모스와 마찬가지로 A. 사하로프 등의 과학자, 기술자를 연구소에 모아 비밀리에 이루어졌다.

과학적 호기심은 진리 탐구의 원동력이 된다고 하여 선(善)한 것으로 생각되어 왔다. 그러나 현대 사회 속에서, 더욱이 군사 연구에 대해서 그것이 무조건 수긍할 수 있는 것이냐고 의문을 품는 독자도 있을 것이다. 이 문제는 마지막에 가서 다시 한 번 분석해 보았으면 한다.

또 수소 폭탄의 원리 또한 아인슈타인의 관계식에서 얻어진다. 수소 폭탄에서는 수소와 같은 가벼운 원자핵이 융합할 때에 핵의 질량이 감소하여 거대한 에너지가 복사된다. 이 핵융합의 에너지는 핵분열의 에너지보다 한 자릿수만큼이나 크다. 태양을 비롯한 항성의 에너지는 핵융합에 의한 것이다.

정치 논리와 과학자의 무지

6장에서 언급했듯이 '라디오 도쿄'가 히로시마와 나가사키의 참상을 방송하기 전, 미국 대통령 H. S. 트루먼은 다음과 같은 연설을 했다(1945년 8월 6일).

"일본은 원자 폭탄의 위력을 톡톡히 알게 되었다. 우리의 경고를 무시했기 때문이다. 원자 폭탄은 일반 시민의 살해를 피하기 위해 군사 기지인 히로시마에 투하되었다."

일본에 대한 원자 폭탄의 투하는 미국군의 일본 상륙 작전에서 예상되는 수백 만의 희생을 피하기 위해 행해졌다고 주장했다. 그러나 이것이 주된 동기가 아니었다는 사실이 역사적인 검증으로 명백해졌다. 일본의 항복은 이미 시간문제였다. 미국과 러시아(구 소련)의 날카로운 대립은 이미 시작되어 있었고, 미국은 전후의 외교적 무기로서 원자 폭탄의 위력을 러시아에 보이려 했던 것이다.

또 트루먼 대통령의 연설에서는 히로시마의 피해에 대한 언급이 전혀 없다. 히로시마와 나가사키에서의 피해, 더욱이 방사선이 인체에 미치는 영향은 군사 기밀이라 하여 전후의 일본점령군(GHQ)은 그 공표를 금지했고, 피해 조사 자료도 모조리 미국으로 가져갔다.

미국이나 러시아 등의 국가에 의한 기밀 정책 때문에 세계의 사람들은 핵무기의 무서움을 아는 것이 크게 지연되었다. 그런 가운데서 비키니섬에서의 수소 폭탄 실험을 비롯한 수많은 핵 실험으로 많은 피폭자가 나오게 된다.

다시 아인슈타인의 평화주의에 대하여

이 같은 정세 가운데서 아인슈타인은 1946년 5월 다음의 성명을 발표했다.

"우리의 세계는 지금까지 일찍이 없었던 중대한 위기에 직면하고 있습니다. 선악 어느 것으로도 사용할 수 있는 절대적인 힘이 태어난 것입니다. 원자력의 해방은 우리의 사고방식을 제외한 일체를 바꿔 놓았습니다. 우리는 맨손인 채로 우리를 파국으로 몰아넣고 있습니다. 이 문제의 해결은 인류의 마음속에 있습니다."(C. 제리히 『아인슈타인의 생애』)

아인슈타인은 한 걸음 더 나아가 같은 해 9월 "문명과 인류를 구제하는 유일한 방법은, 법률에 바탕하여 국가의 안전을 보증하는 세계 정부를 형성하는 일이다"라고 말하고, 10월에는 국제연합에 대해 공개장을 보내어 세계 정부의 결성을 호소했다.

1947년, 아인슈타인을 방문했던 사진 작가 P. 할스만은 다음과 같이 말하고 있다.

"그는 자신의 공식 $E=mc^2$과 루스벨트 대통령에게 보낸 편지가 원자 폭탄을 실현시킨 일, 그리고 자기의 연구 결과가 많은 사람을 죽이게 한 일을 유감으로 생각한다고 말했다. 그는 '미국의 유력자들이 소비에트가 원자 폭탄을 완성시키기 전에, 이번에는 소비에트에 폭탄을 떨어뜨리려 하고 있다는 말을 들은 적 있느냐?'고 내게 물었다. 나는 이 한량없이 착하고 자비로운 사람이, 자기의 지혜를 정치가의 손에 건네주어 황폐와 죽음을 가져온 괴물적인 무기를 만들게 하는 결과가 되었다는 것에 얼마나 고민하고 있는가를 온몸으로 감지했다.

그는 침묵했다. 그리고 그의 표정은 슬픔으로 가득 차 있었다. 거기에는 심문과 자책이 있었다." (프렌치 엮음, 『아인슈타인』 중의 할스만 '보이는 것과 그 안의 보이지 않는 것')

아인슈타인은 1955년 세계의 저명한 과학자, 철학자들과 더불어 '핵무기에 관한 성명'을 발표하고, 핵무기뿐만 아니라 전쟁 자체의 포기를 호소했다.

이 성명은 아인슈타인이 마지막 병으로 쓰러지기 이틀 전에 서명한 것이다.

만년의 아인슈타인

여기에서 아인슈타인의 만년에 대해 잠깐 언급하기로 하자. 아인슈타인은 1936년 아내 엘사와 사별했다. 이듬해부터 누이동생 마야와 동거하게 되는데, 그 누이동생도 1946년 뇌졸중으로 쓰러진 채 누워 있다가 1951년에 사망했다.

이 무렵 아인슈타인도 여러 가지 병에 시달리고 있었다. 그러나 그의 정신력은 시들지 않았다. 할스만은 아인슈타인을 다음과 같이 묘사하고 있다.

거기에 있는 것은 가냘픈 과학자가 아니라, 가슴이 두툼하고 잘 울려 퍼지는 목소리로 마음을 터놓고 웃어대는 인물이었다. 이따금 사진에서 늙은 부인처럼 보이는 긴 머리카락은 사자의 갈기처럼 얼

〈그림 7-4〉 만년의 아인슈타인

굴의 윤곽을 둘러싸고 있었다. 그는 가벼운 바지를 입고, 회색 스웨터의 옷깃에 펜을 찔러 넣고 있었다. 그리고 검은 구두를 신고 있었지만 양말은 신지 않았다.

아인슈타인을 세 번째로 만났을 때, 왜 양말을 신지 않느냐고 물어 보았는데, 그때 그 말을 비서인 듀카스 양이 듣고는 "선생님은 양말을 신지 않으셔요. 루스벨트 씨에게 백악관으로 초대받았을 때도 그랬는 걸요" 하고 말했다. (앞에 든 책에서)

그 아인슈타인에게도 인생행로의 종말이 다가오고 있었다. 1948년에는 복부에 동맥류(動脈瘤)가 발견되었으나 수술로는 제거할 수가 없었다. 그 동맥류가 1955년 4월 13일에 파열했다. 아인슈타인은 자기의 죽음을 자연스러운 것으로 받아들이고 있었던 것 같다. 그가 의사에게 물었던 것은 죽음에 이를 것인지, 아닌지였다. 그는 수술을 거부하고 심한 고통에도 불구하고 모르핀 주사를 자주 거부했다.

"나는 내가 원할 때에 떠나고 싶습니다. 생명을 인공적으로 연장하는 것은 옳지 못한 길입니다. 나는 내가 해야 할 일을 다했습니다. 이젠 떠나야 할 때입니다. 나는 그것을 우아하게 치르고 싶습니다." (파이스)

쓰러진 지 5일 후 그는 프린스턴 병원에서 사망했다. 76세였다.

전쟁에 도입된 과학

죽음 직전까지도 그는 프린스턴에서 통일장이론 연구를 계속하면서 일관하여 핵무기의 폐절을 호소했다. 그러나 다음에서 보듯이 아인슈타인의 활동은 큰 성과를 거두었다고는 말하기 어렵다. 왜 그렇게 되었을까?

아인슈타인의 소리는 2차 세계대전 후의 동서 냉전 속에서 지워지고 말았다. 사태는 아인슈타인이 생각하고 있던 이상으로 심각했다. 아인슈타인이 살아 있던 20세기 동안에 과학은 결정적인 변화를 겪고 있었던 것이다. 과학, 기술이 전쟁에 불가결하다는 것은 제차 대전에서 밝혀졌다. 독가스, 비행기, 전차, 잠수함 등 첨단 기술의 연구가 전쟁에 크게 도움이 된다는 것을 정치가들은 잘 알고 있었다.

그래서 2차 세계대전에서는 열강 각국에서 과학기술자의 총동원 체제가 취해졌다. 레이더의 연구는 모든 나라에서 중요 과제로 채택되었다. 독일에서는 F. 브라운을 중심으로 로켓 무기 연구가 추진되었고, 그것이 V2호로 완성되어 런던 시민을 살육했다. 최초의 컴퓨터로 일컬어지는 ENIAC도 대포의 포탄 궤도 계산, 수소 폭탄의 계산에 사용되었고, 컴퓨터 과학도 작전 연구(OR)를 하는 가운데서 탄생했다.

일본도 물론 예외는 아니었다. 이화학연구소(理化學研究所)에서는 우라늄 농축 실험이 행해졌다. 또 니시나 요시오(仁科芳雄)를 중심으로 하여 원자 폭탄의 가능성 여부 연구가 있었으나, 대전 중에는 미국에서도 완성될 가능성이 없을 것이라는 결론에 도달하여 제조에는 이르지 못했다. 일본에서는 오히려 살인 광선 연구에 중점을 두었다.

살인 광선은 해군의 초단파 연구의 연장으로서 1942년 10월부터 해군기술연구소에서 시작되었다. 1943년 6월 시즈오카현 시마다(靜岡縣 島田)에 실험소를 건설하기 시작하여, 이듬해 6월에 개소하고 해군과 니혼무선(日本無線), 도시바(東芝) 두 회사의 기술자에다 도모나가(朝永振一郎), 고타니(小谷正雄), 기쿠치(菊池正士), 와타세(渡瀨讀), 미야지마(宮島龍興) 등의 기초물리학자가 참가하여 이론과 실험의 양면에서 강력한 마그네트론의 시험 제작을 추구했다. 그 결과 출력 1,000kW의 전자관이 만들어지고 발생한 전파로 토끼를 죽이고, 발동기를 멈추는 실험에 성공했다. 〔히로시게(廣重徹), 『과학의 사회사』〕

19세기 생물학자 L. 파스퇴르는 이렇게 말했다.

"과학과 평화가 무지와 전쟁을 이겨 내리라는 것은 움직일 수 없는 일이라고 믿는다."(M. 퀴리『피에르 퀴리전』)

아이러니컬하게도 과학과 전쟁이 결부해 버렸다.

또 피에르 퀴리는 마리 퀴리에게 보낸 러브레터 안에서 과학을 찬미하여

"우리의 꿈은 당신의 애국적 이상, 우리의 인간적 이상, 그리고 우리의 과학적 이상입니다. 이들 꿈 가운데서 오직 마지막 것, 즉 과학

적 이상만이 정당화될 수 있는 것이라고 믿습니다."(위의 책에서)

100년도 채 지나지 못하는 동안에 과학자의 의식과 과학이 놓인 현실이 얼마나 바뀌었는가?

아인슈타인도 퀴리처럼 과학이야말로 진실을 추구하는 지상의 가치를 지닌 것이라고 생각했던 과학자 중 한 사람이었다. 그는 또 이상주의자이며 인간성이 넘치는 사람이기도 했는데……

과학자의 블랙홀

거기서 아인슈타인에 관한 마지막 문제가 나오게 된다. 왜 그는 그의 평화주의와 휴머니즘에도 불구하고, 정세를 잘못 파악하여 원자 폭탄의 추진에 협력하게 되었을까? 또한 그의 2차 세계대전 후의 평화 호소는 그다지 성과를 거두지 못했을까? 그 원인은 여러 가지를 들 수 있을 것이다.

현대에서는 과학을 선한 것이라 하여 무조건 찬미할 수만은 없다는 것을 많은 사람들이 알고 있다. 과학은 기술과 더불어 사회 속에 깊숙이 짜 넣어져 있으므로, 거기서부터 자유로울 수는 없다. 과학기술을 주도하고 있는 것은 우선 기업이며, 그 목적은 이윤(돈벌이)에 있다. 군대는 항상 새로운 무기를 과학기술 가운데서 찾고 있다. 그것들을 통합하고 있는 것은 국가이며, 이미 대학도 순수한 학문의 성역은 아니다. 이와 같은 구조를 가리켜 산관군학(産官軍學) 복합체라고 부른다. 이 구조는 2차 세계대전의 과학자, 기술자의 총동원 체제 아래 각국에서 확립되어, 그 후 사회에 깊게 뿌리를 내려 현재에 이르고 있다.

이것은 사회 체제가 어떠한가를 가리지 않는다. 소비에트나 동구 등에서는 국가가 보다 강력하게 과학기술을 지배해 왔다.

아인슈타인에게는 이것이 잘 내다보이지 않았다. 그는 과학과 사회의 관계를 파악하는 관점이 안이했다. 그는 과학을 사회적으로 분석할 수가 없었던 것이다. 개인의 휴머니즘만으로 사회나 정치 문제는 해결되지 않는다. 거기에서는 정치나 사회 구조의 분석과 그것을 딛고 선 운동이 필요하다. 아인슈타인은 휴머니즘과 정치를 구별하고 있었던 것이다.

굳이 아인슈타인만 책망할 일은 아니다. 아인슈타인뿐만 아니라 거의 모든 과학자가 과학의 사회적 위치를 파악하고 있지 못했다. 현대의 과학자라 한들 그런 상황에는 별로 다를 바가 없다.

또 원자 폭탄을 개발하고 있던 당시의 과학자들의 의식에서 공통적으로 볼 수 있는 특징이 있다. 자신들은 우수한 과학자이며(이것은 사실이다), 그러므로 정치가나 군인도 자기들의 의견을 들을 것이(이것은 착각이다)라는 사고방식이다. 군사에 활용할 수 있다고 생각하면 군인이나 정치가는 연구에 거금을 던지고 과학자를 이용한다. 그러나 일단 핵무기와 같은 무기가 만들어지고 나면 이미 과학자의 의견 따위는 필요로 하지도 않고 듣지도 않는다. 거기는 정치와 군사 논리가 지배하는 세계이며, 과학자는 '유혹되었다가 버림을 받게' 된다.

원자 폭탄을 개발하도록 루스벨트에게 편지를 보내라고 아인슈타인에게 권했던 실라르드에게서 그와 같은 과학자의 전형을 볼 수 있다. 그는 원자 폭탄이 완성된 후, 이것을 일본에 사용하지 말도록 필사적으로 정치가에게 호소했다. 아인슈타인에게도 대통령 앞으로 원자 폭탄을 쓰지 말라고 호소하는 편지의 소개장을 써 받았다. 그러나 그 편지는 정치가와 군인에 의해 묵살되고 말았다.

방금 말한 일과 관련되는 것이지만, 과학자의 몸에 배어 있는 또 하나의 없애기 어려운 체질이 있다. 한마디로 말하면 엘리트가 사회를 움직인다고 하는 사고방식이다. 우수한 연구자는, 자기가 보통 사람보다 훌륭하다고 생각하기 쉽다. 그러나 우수한 연구자이든 교수이든 간에 그 인품은 가지각색이며 그 사회에 대한 생각이 우수하다는 보증은 없다. 사회 속에서는 다른 사람과 평등한 한 개인에 지나지 않는다. 과학자에게는 그것이 좀처럼 이해가 되지 않는다. 그러나 그러한 시대는 이미 끝나가고 있다고 할 수 있을 것이다.

아인슈타인을 넘어서는 것은?

과학자의 호기심, 말을 바꿔서 과학 연구의 재미, 이것도 하나의 문제이다. 아인슈타인이 미국 해군의 군사 연구에 관계했을 때 그는 나이가 많았으므로 프린스턴의 자기 집에서 군에 협력했다. 군사 연구의 기밀문서를 정기적으로 아인슈타인에게 전달해 주고 있었던 G. 가모프(소비에트 출신, 미국)의 증언을 들어 보자.

그것들(기밀문서) 가운데는 여러 가지 제안이 있었다. 이를테면 일본의 어느 해군 기지의 입구에 방사선 모양으로 일련의 기뢰를 설치하여 폭발시키고, 그것에 연달아 일본 항공모함의 비행갑판에다 폭탄을 투하하자는 제안이 있었다. (중략) 그리고 우리는 모든 제안 하나하나를 검토했다. 그는 그것들의 거의 대부분에 대해 찬성하면서 "야! 이건 썩 재미있군. 아주 교묘한 생각이야"라고 말했다. 이튿날 내가 그 부서를 담당하는 장관에게 그가 한 평가를 보고했다고 하자 그는 매우 기뻐했다. (『나의 세계선(世界線) : G. 가모프 자서전』)

이 글은 다른 사람들의 아이디어에 대한 아인슈타인의 도량이 넓다는 것을 가리키는 것으로도 들린다. 하지만 연구의 내용은 무기에 관한 것이다. 과학자는 그 연구 결과가 어떤 영향을 갖게 될 것인지에 대해서는 상관없이 미지의 것, 새로운 아이디어에 어린애와 같은 호기심을 갖는다.

또 하나의 원인으로 아인슈타인이 스위스로에서 베를린대학으로 옮겨간 점을 굳이 들고 싶다. 아인슈타인은 수업을 담당하지 않고 연구만 하면 된다는 조건에 매력을 느껴, 자유로운 스위스를 버리고 연구만의 세계로 틀어박혀 버렸다. 유명해진 뒤 친구들로부터 별장을 기증받고, 마음 내키는 대로 '자유'로이 요트 놀이와 연구에 잠기게 되었다. 나치에 쫓겨 미국으로 건너갔을 때도 연구만 하고 있으면 되는 프린스턴의 고등연구소를 택했다. 그는 일반 시민으로부터 떨어져 나가 버렸던 것이다.

현대에도 대부분의 엘리트 과학자들은 연구에만 전념해 있을 수 있는 환경을 찾기 일쑤다. 아인슈타인과 같은 생활은 그들의 이상이다. 그 함정을 그들 자신이 스스로 깨닫는 일은 드물다. 주위의 시민들로부터 비판을 받고서야 비로소 그것이 의식에 떠오를 가능성이 있다.

따라서 이 문제에서 아인슈타인이나 과학자를 넘어서는 것은 일반 시민밖에는 없을 것이다.

다만, 아인슈타인은 자신의 전문 분야 외에는 흥미를 갖지 않았고, 사회로 눈을 돌리는 타입의 과학자가 아니었다는 것을 다시 한 번 확인해 두고 싶다. 아인슈타인의 사회사상에서 주목할 점은 병역 거부와 세계 정부의 구상일 것이다. 핵무기의 공포에서 벗어나는 데는 최종적으로 국가의 권한, 더욱이 교전 국이 문제가 되지 않을 수 없기 때문이다.

역사가 있기 전부터 인류가 계속하여 쌓아 올려 온 국가라고 하는 틀은 이미 지나치게 좁아지고 있는지도 모른다. 국가가 항상 강해지기만을 바라게 되어 있기 때문이다.

*   *   *

아인슈타인이 만들어 낸 상대성이론은 과학자의 손에 의해 다시 자연계의 궁극 이론의 탐구로 이어지고 있다. 인간이 자연을 완전히 이해할 수 있을 때가 올지 어떨지 그것은 알 수가 없다. 그러나 과학자의 탐구는 계속된다.

한편, 과학과 기술을 어떻게 컨트롤하고, 인간이 스스로 자신을 멸망시키는 일이 없이 자연과 조화해 갈 수 있을지는 과학 기술자에게만 맡겨 둘 수 없는 문제이다. 여기에서는 우리 개개인이 주인공이 될 것이 틀림없다.

'스위스를 비롯한 중립국은 미국을 맹렬히 비난하고 있다. 로마교황도 유감의 뜻을 나타냈다. 설사 원자 폭탄에 의해 전쟁의 종말이 앞당겨졌다고 하더라도, 원자 폭탄이 금지되기까지는 세계에 진정한 평화가 찾아오지 않을 것이다.' (NHK TV 『세계는 원자 폭탄을 어떻게 알았는가?』)

이 방송은 히로시마의 현지 조사를 바탕으로 하여 이루어진 것이다. 그러나 영어로 된 방송이며, 보도 관제 아래서의 일본 국내에는 이와 같이 전해지지 않았다. 또 아시아에서 잔학한 침략을 감행하고 있던 일본 육군이 핵병기의 폐절을 호소하고 있다는 것은 역사의 아이러니라고나 할까?

　마지막 장에서는 상대성이론과 물리학자 아인슈타인이 현대에 끼친 영향과 함께, 원자 폭탄을 축으로 하여 과학자와 그 사회적 역할에 대해 생각해 보기로 하자. 아인슈타인은 이 두 가지 문제를 생각할 때 20세기에서 가장 중요한 인물 중의 한 사람이다.

후기

이 책을 집필함에 즈음하여 아인슈타인의 전기와 저술을 오랜만에 읽어 보았다. 그런데 이것은 무척 재미있었다. 연달아 책을 찾아와서 아인슈타인에 관한 것을 탐독했다. 아인슈타인가의 가정부의 증언까지도 읽었다. 아인슈타인을 만나 본 사람은 그의 매력에 끌리게 된다고 말하는데, 책을 읽어도 마찬가지이다. 끝내 그에게 사로잡히고 말았다.

상대성이론에 대해서는 먼젓번에 쓴 『물리학의 ABC』에서 간단히 언급한 적이 있다. 그때 통감한 일이 두 가지가 있다. 하나는 상대성이론을 이해하는 포인트가 광속도 불변의 원리와 속도의 합성법칙의 모순에 있다고 하는 점이다. 그리고 또 하나는 아인슈타인 자신이 주요한 문제라고 생각하고 있는 전자기 법칙의 비대칭성을 축으로 하여, 전자기장으로부터 상대성이론으로 들어갈 수 없을까 하는 점이다.

이 책은 이 중의 앞에서 든 것의 문제의식을 기초로 한 입문서이다. 상대성이론의 난해성은 시간, 공간의 개념이 상식과 대립하는 점에 있다. 따라서 왜 시간, 공간의 패러다임 전환이 필요했는지 그것을 밝히는 것이 핵심이라고 생각된다.

후자는 매우 매력적인 데다 『전자기학의 ABC』의 속편이 되지만 예비지식을 전제로 해야 하기에 단념했다.

아인슈타인과 상대성이론을 말할 때 또 하나 간과할 수 없는 것이 핵에너지 문제일 것이다. 아인슈타인의 평화주의에도 불구하고, 핵에너지는 먼저 히로시마와 나가사키에서 사용되었다. 이 모순의 해명도 꼭 다루고 싶은 문제였다. 입문서라는 제약은 있었지만 기본적인 관점은 설명했다는 생각이다.

히로시마의 시립 여자고등학교에 있는 원폭 위령비—세 소녀의 상. 그중의 한 사람이 가슴에 품고 있는 사각 패에는 아인슈타인의 관계식 $E = mc^2$이 새겨져 있다.

미사일은 뉴턴 역학에 의해 컨트롤되고, 그 핵탄두는 상대성 이론을 기초로 하여 만들어졌다. 아인슈타인이 비판을 받는 일은 있어도 뉴턴이 비난을 받는 일은 없다. 20세기, 과학의 사회적 위치는 결정적으로 바뀌어 버린 것이다.

다만, 일본의 과학자를 포함하여 우리는 아인슈타인만을 책망할 수는 없다. 평론가 시노하라(篠原正瑛)의 원폭에 관한 질문에 대해 대전 후 아인슈타인은 이렇게 대답했다.

"일본에 대한 원자 폭탄의 이용을 나는 항상 유죄라고 판정하고 있습니다. 그러나 나는 숙명적인 결정을 저지할 거의 아무런 일도 할 수 없었습니다. 일본인의 한국이나 중국에서의 행위에 대해, 당신에게 책임이 있다고 말할 수 있는 것과 같을 정도로, 조금밖에 할 수가 없었던 것입니다." (『아인슈타인의 평화 편지』)

그리고 이 책을 만드는 데 있어 나카야마(中山正敏, 규슈대학) 씨, 무라타(村田吉一, 전기통신대학 학생) 군, 익명의 선배, 그리고 긴조(錦城)고등학교 25회 3학년의 D. E. C반의 여러분으로부터 귀중한 의견을 받았다. 마음으로부터 감사의 뜻을 표한다.

마지막이 되었지만 항상 나의 서투른 문장을 읽어 주시는 독자 여러분에게 마음으로부터 감사를 드린다.

후쿠시마 하지메

이 책에 등장하는 주요 과학자의 프로필

가모프(George Gamow : 러시아 출신 미국, 1904~1968) 빅뱅 우주론을 제창, 그 흔적인 우주배경복사의 존재를 예언했다. 과학해설서의 집필자로도 유명하다.

갈릴레이(Galileo Galilei : 이탈리아, 1564~1642) 근대물리학의 선구자. 떨어지는 물체의 법칙을 발견했다. 지동설을 옹호하여 가톨릭교회로부터 공격을 받아 종교재판에 회부되어 만년에는 유폐생활을 보내야 했다. 그 밖에 갈릴레오형 망원경의 발명, 월면의 들쭉날쭉, 목성의 위성 4개 발견, 흔들이의 동시성 발견, 공기 온도계의 발명 등이 있다. 또 가톨릭교회는 1989년에 이르러 과거의 재판에 대한 오류를 인정했다. 극작가 B. 브레히트에 의한 희곡『갈릴레이의 생애』는 매우 재미있다.

글래쇼(Sheldon Lee Glashow : 미국, 1932~) 1974년 약한 힘, 전자기력, 핵력을 통일적으로 다루는 대통일 게이지 이론을 만들어 내어 1979년 노벨 물리학상을 수상했다.

뉴턴(Isaac Newton : 영국, 1643~1727) 역학의 창시자. 광학의 연구로도 유명하고 미적분법의 발견자이기도 하다. 한편으로는 연금술에 열중하여 신비주의적 연구도 많다. 자기 업적에 대한 독점욕이 강하여 다른 과학자들과의 논쟁이 끊이지 않았다. 1689년에는 국회의원이 되고 조폐국장을 맡는 등 세속적인 출세에도 관심이 강했다. 생애를 독신으로 지냈다.

데카르트(René Descartes : 프랑스, 1596~1650) 관성의 법칙, 운동량 보존의 법칙, 충돌의 법칙 등의 운동법칙을 발견했다. 수

176

와 직선을 대응시키는(x, y좌표) 착상으로 해석기하학을 만들어
낸 수학자이기도 하다. 『방법 서론(方法序論)』 등으로 철학자로
도 유명하다.

도모나가 신이치로(朝永振一郞 : 일본, 1906~1979) 전자기력에 대
한 '재규격화이론(renormalization theory)'을 만들어 1965년
노벨 물리학상을 수상했다. 『거울 속의 물리학』 등의 유니크하
고 유머가 있는 물리 해설서로도 유명하며 술을 잘 마시는 수필
가이다.

더 시터르(Willem de Sitter : 네덜란드, 1872~1934) 천문학자, 상
대론을 사용한 우주 모델에 관한 연구로 유명하다. 우주가 팽
창한다는 해석을 일반상대론으로부터 이끌었다.

러더퍼드(Ernest Rutherford : 뉴질랜드 출신 영국, 1871~1937) 방
사선이 원자(핵)의 붕괴에 의한다는 것을 증명하고, 알파(α)입자
가 헬륨의 이온이라는 것을 발견했다. 또 원자핵을 발견, 최초
로 원소의 인공 변환을 했다. 실험의 명수 중의 명수이다.
1908년 노벨 화학상을 수상했다.

레나르트(Philipp Lenard : 헝가리 출신 독일, 1862~1947) 전자선
(電子線)의 연구로부터 원자는 틈새투성이라고 생각했다. 양자론
의 계기가 된 광전효과 연구에서 중요한 업적이 있다. 1905년
노벨 물리학상을 수상했다. 1차 세계대전 무렵부터의 국가주의
자로 그 후 히틀러를 신봉하여 아인슈타인을 비롯한 유태인 과
학자를 공격했다.

로런스(Ernest Orlando Lawrence : 미국, 1901~1958) 사이클로트
론이라고 하는 입자가속기의 원리와 개발에 의해 1939년 노벨
물리학상을 수상했다. 원자 폭탄의 개발에서는 사이클로트론을

사용해 우라늄 235를 분리하여 원료를 제공하는 등 적극적인 활동을 했다. 2차 대전 후에도 핵무기의 개발 촉진을 지지했다. 연구 자금을 모으는 명수였는데 다른 과학자들로부터의 평판은 좋지 않았다.

로런츠(Hendrik Antoon Lorentz : 네덜란드, 1853~1928) 뛰어난 이론물리학자. 전자기학 연구에서 현재와 같은 전자기장의 개념을 확립했다. 전자의 존재를 증명하는 데에 공헌했다. 상대성 이론의 기초가 되는 로런츠 변환을 아인슈타인보다 앞서 이끌었다. 1902년 노벨 물리학상을 수상했다.

뢰머(Ole Christensen Rømer : 덴마크, 1644~1710) 천문학자. 목성 제1위성의 관측으로부터 광속이 유한하다는 것을 역사상 처음으로 발견(1675)했다. 그 밖에 우수한 자오의(子午儀) 제작 등이 있다.

마이컬슨(Albert Abraham Michelson : 독일 출신 미국, 1852~1931) 1887년 몰리(Edward Williams Morley : 미국, 1838~1923)와 함께 지구 운동의 광속에 대한 영향을 조사하는 마이컬슨-몰리의 실험을 했다. 또 광속도를 매우 정확하게 측정했다. 1907년 최초의 미국인 노벨 물리학상 수상자가 되었다.

마흐(Ernst Mach : 오스트리아, 1838~1916) 비행 물체의 연구에서, 물체가 음속을 넘으면 기류의 특성이 변화하는 것을 발견했다. 마하수는 그의 이름에 연유한다. 모델을 만드는 것에는 회의적이어서, 검증되지 않은 원자론에 반대하는 입장에 섰다. 뉴턴 역학을 비판적으로 분석한 저서 『역학』은 아인슈타인에게 큰 영향을 끼쳤다.

맥스웰(James Clerk Maxwell : 영국, 1831~1879) 전자기학의 기

초를 확립하고 전자기파의 존재와 빛의 전기파라는 것을 예언했다. 그러나 전자기파가 발견되기 전에 사망했다. 그 밖에 기체분자 운동론을 확립했고, 토성 고리의 성질을 증명했으며, 색각(色覺)을 지배하는 원리를 제시했다. 뉴턴과 더불어 영국이 자랑하는 물리학자이다.

베크렐(Antoine-Henri Becquerel : 프랑스, 1852~1908) 할아버지와 아버지도 물리학자이다. 우라늄 광석으로부터 나오는 방사선의 발견으로 유명하다. 1903년에 노벨 물리학상을 수상했다.

베테(Hans Albrecht Bethe : 독일 출신 미국, 1906~2005) 1938년 항성의 에너지가 생기는 메커니즘을 밝혀 1967년 노벨 물리학상을 수상했다. 원자 폭탄 제조소 로스앨러모스에서는 이론물리학 부문의 부장을 맡았다. 2차 세계대전 후 과학자의 사회적 책임을 강조했다.

보어(Niels Bohr : 덴마크, 1885~1962) 원자의 구조에 관한 연구(보어의 원자 모형)로 1922년 노벨 물리학상을 수상했다. 또 핵분열 과정을 액적(液確) 모델로 설명했다. 토론을 존중하는 연구 방법으로 많은 우수한 물리학자를 키웠다. 독일에 점령당했을 때는 레지스탕스에 참가했다. 미국으로 탈출하여 원자 폭탄의 제조 계획을 원조했다. 2차 세계대전 후에는 핵무기의 국제 관리를 호소했다.

사하로프(Andrei Dimitrievich Sakharov : 러시아(구 소련), 1921~1989) 러시아 수소 폭탄의 아버지로 불린다. 1957~1962년에 걸쳐 러시아 정부에 핵실험 중지를 호소했다. 1960년대 말부터 반체제 운동에 관여하여 1980년 고리키로 유형되었으나 7년 후 페레스트로이카 가운데서 해방되어 군축과 인권 운동에서 활약했다. 공산당의 일당 지배에 반대하여 "내일은 투쟁이다"라는 말을 남기고 심장마비로 사망했다. 1975년 노벨 평화상을 수상.

살람(Abdus Salam : 파키스탄 출신 영국, 1926~1996) 아버지는 파키스탄의 빈농 지역의 교육 관계 공무원. 소립자 물리 대부분의 분야에서 중요한 연구를 했다. 특히 약한 힘과 전자기력을 통일하는 와인버그-살람 이론으로 유명하다. 1979년 노벨 물리학상을 수상했다.

세그레(Emilio Gino Segré : 이탈리아 출신 미국, 1905~1989) 맨해튼 계획의 지도자 가운데 한 사람이다. 아스타틴, 플루토늄 등의 초우라늄 원소를 발견했다. 체임벌린(Owen Chamberlain : 1920~2006)과 반양성자를 발견. 1959년 노벨 물리학상을 수상했다.

슈뢰딩거(Erwin Schrödinger : 오스트리아, 1887~1961) 마이크로 세계의 기본 방정식, 양자역학의 파동방정식(슈뢰딩거 방정식)을 발견. 그러나 양자역학의 확률론적 해석에는 아인슈타인과 더불어 비판적이었다. 1933년 노벨 물리학상을 수상했다.

슈타르크(Johannes Stark : 독일, 1874~1957) 전기장 속에 놓인 원자의 스펙트럼이 분열한다는 슈타르크 효과의 발견자. 1919년 노벨 물리학상을 수상했다. 열광적인 반유태주의자로 나치당원. '유태 물리학'을 공격하고 '독일 물리학'을 제창했다. 독일물리학회의 지배를 겨냥했으나 나치당 안의 권력 투쟁에서 패배했다.

앤더슨(Carl David Anderson : 미국, 1905~1991) 양전자(전자의 반입자)와 뮤(μ)중간자를 발견함. 원자 폭탄 개발에 참가했다.

1936년 노벨 물리학상 수상.

에딩턴(Arthur Stanley Eddington : 영국, 1882~1944) 천문학자. 항성의 구조 연구로부터 항성의 질량과 광도의 관계를 이끌었다. 일반상대론의 시험을 위한 일식 관측대를 지도했다. 탐정 소설과 크로스워드 퍼즐의 애호가.

영(Thomas Young : 영국, 1773~1829) 물리학자이면서 의학 박사. 광파의 간섭을 발견, 빛의 파동설을 제창했다. 그 밖에 시각생리학(視覺生理學)상의 중요한 발견, 탄성률(彈性率)의 도입, 로제타스톤(Rosetta stone : 이집트의 상형문자)의 해독 등 넓은 분야에 걸친 연구가 있다.

오펜하이머(Robert Oppenheimer : 미국, 1904~1967) 유복한 가정에서 자라난 마더 콤플렉스형 수재. 미국의 원자 폭탄 제조를 지휘했다. 입자, 반입자의 소멸 수명을 계산했고, 분자론에서의 오펜하이머 근사법, 중성자별(펄서)의 구조 연구, 블랙홀의 이론 등 넓은 영역에 걸친 이론적 연구가 있다. 2차 세계대전 후 수소 폭탄 제조에 적극적이 아니었기 때문에 공격을 받아 공직에서 추방당했다. 이것은 오펜하이머 사건으로 유명하다.

와인버그(Steven Weinberg : 미국, 1933~) 약한 힘과 전자기력을 통일한 이론을 만들어 1979년 노벨 물리학상을 수상했다. 그의 저서 『The Fast Three Minutes』(한국어판으로는 『처음 3분간』이 나와 있다) 등의 과학 해설서도 썼다.

유카와 히데키(湯川秀樹 : 일본, 1907~1981) 핵력의 성질을 중간자라고 하는 입자로 설명하는 이론을 제출, 소립자 연구의 출발점을 구축했다. 1949년 일본 최초의 노벨상 수상자가 되었다. '세계연방(世界聯邦)'을 만들기 위해 적극적으로 활동했다.

실라르드(Leo Szilard : 헝가리 출신 미국, 1898~1964) 우라늄의 핵분열에 의한 중성자의 방출을 발견. E. 페르미와 함께 최초의 원자로 설계, 건설을 지도했다. 루스벨트 대통령에게 보내는 아인슈타인의 편지를 썼다. 원자 폭탄의 완성 후, 일본에 대한 투하에 반대했지만 정치가와 군인에게 받아들여지지 않았다. 달 뒤쪽의 크레이터에 그의 이름이 남겨져 있다.

채드윅(James Chadwick : 영국, 1891~1974) 알파(α)입자를 충돌시키는 원자핵 변환 연구 중에 중성자를 발견했다. 1935년 노벨 물리학상을 수상했다. 2차 세계대전 중에는 미국의 원자 폭탄 개발 계획에 영국팀의 주도자로 관계했다.

콕크로프트(John Douglas Cockcroft : 영국, 1897~1967) 강자기장과 저온을 연구, 콕크로프트-월턴(Ernest Thomas Sinton Walton)형 가속기를 제작했다. 양성자를 가속하여 리튬에 충돌시켜 알파(α)입자 두 개가 발생하는 것을 발견, 아인슈타인의 질량과 에너지의 등가성을 증명했다. 1951년 노벨 물리학상을 수상.

퀴리 부부(Pierre Curie : 프랑스, 1859~1906, Marie Curie : 폴란드 출신 프랑스, 1867~1934) 유리를 제조할 때 생기는 폐기물 피치블렌드 처리, 4년에 걸친 연구 끝에 라듐을 추출했다. 1903년 부부가 함께 노벨 물리학상을 수상했다. 피에르는 교통사고로 뜻하지 않은 죽음을 당했다. 마리는 그 후도 연구를 계속하여 1911년에 노벨 화학상을 수상했다. 백혈병으로 사망.

텔러(Edward Teller : 헝가리 출신 미국, 1908~2003) G. 가모프와 함께 베타(β)붕괴에 관한 연구를 했다. 맨해튼 계획에 참가. 미국 수소 폭탄 개발의 중심인물. 다만 수소 폭탄의 결정적 아이디어는 텔러 팀에 있었던 울람(Stanislaw Ulam)에 의한 것이라고 한다. 1980년대부터 SDI(우주 전쟁 계획)의 개발에 관여했다. 무기 개발에 열심인 과학자의 대표적인 인물.

파스퇴르(Louis Pasteur : 프랑스, 1822~1895) 화학자이자 세균학자. 생물의 자연발생설을 실험을 통해 부정했다. 파스퇴르 처리(저온살균법)를 발명. 면역학을 창시하여 광견병의 발병을 저지하는 백신을 발명했다.

파인만(Richard Phillips Feynman : 미국, 1918~1988) 젊었을 때에 맨해튼 계획에 참가. 양자전자기학의 완성자. 1965년 노벨 물리학상을 수상했다. 『농담이시겠지요, 파인만 씨』로 알려져 있듯이 별난 행동으로 유명하다. 『파인만 물리학』 등 우수한 교육서를 남겼다. 다만, 자신은 문장을 잘 쓰지 못했던 것 같다.

패러데이(Michael Faraday : 영국, 1791~1867) 가난한 대장간 집안의 아들로 출생. 제대로 초등학교에도 다니지 못하고 독학으로 과학자가 되었다. 수학은 전혀 몰랐으나 19세기 최대의 실험 과학자로 일컬어진다. 액체 염소의 제조에 성공하여 저온 과학으로의 길을 개척했다. 전자기 유도의 발견은 전기 문명으로의 길을 터놓았다. 전기분해 법칙의 발견 등 다수.

페르미(Enrico Fermi : 이탈리아 출신 미국, 1901~1954) 새로운 종류의 방사선을 만들어 냄으로써 1938년 노벨 물리학상을 수상. 1942년 시카고대학에서 세계 최초의 원자로 제조에 성공했다. 맨해튼 계획에 공헌했다. 원자로에서 만들어진 플루토늄은 일본의 나가사키에 투하된 원자 폭탄의 연료가 되었다. 암으로 사망했다.

푸앵카레(Jules Henri Poincaré : 프랑스, 1854~1912) 물리이론의

기초에 관한 연구를 추진하여 전자기파론, 상대론, 양자론, 천체역학 등에서 선도적인 공헌을 했다. 또 수학 분야에서도 함수론과 미적분 방정식, 대수 등에서 많은 업적이 있다. 일족에는 학자와 고관이 많다. 『과학과 가설』 등의 저작이 있다.

푸코(Jean Bernard Léon Foucault : 프랑스, 1819~1868) 병약하여 학교엘 가지 못하고 가정에서 교육을 받았다. 푸코의 흔들이로 지구의 자전을 증명했다. 고속 회전거울에 의한 수중 광속의 측정으로 빛의 파동성의 정당성을 증명했다. 자이로스코프의 발명자이기도 하다.

프레넬(Augustin Jean Fresnel : 프랑스, 1788~1827) 공병 장교로 일하는 한편 빛의 연구로 큰 업적을 남겼다. 1815년 빛의 파동설을 확립하는 동시에 빛이 횡파라는 것을 발견했다. 프레넬 렌즈를 발명. 38세에 요절했다.

플랑크(Max Planck : 독일, 1858~1947) 독일의 대표적인 이론물리학자. 1900년에 전자기파가 에너지의 덩어리(양자)로 이루어져 있다고 하는 생각을 도입하여 양자역학으로의 길을 개척했다. 1918년에 노벨 물리학상을 수상. 1937년 나치와 유태인 과학자에 대한 차별에 항의하여 카이사르빌헬름연구소장을 사임했다가 1947년 재임되었다.

하이젠베르크(Werner Karl Heisenberg : 독일, 1901~1976) 양자역학(행렬역학)의 창시자. 불확정성 원리를 발견했다. 파울리(Wolfgang Pauli : 독일, 1900~1958)와 공동으로 양자전기역학을 건설. 1932년 양자역학의 창시로 노벨 물리학상을 수상했다. 2차 세계대전 중에는 독일의 '우라늄 계획'(원자로 개발)의 실질적인 지도자였다. 자서전 『부분과 전체』는 매우 재미있는 책이다.

한(Otto Hahn : 독일, 1879~1968) 여러 가지 동위원소를 발견했다. 마이트너(Lise Meitner : 독일, 1878~1968), 슈트라스만(Fritz Strassmann : 독일, 1902~1980)의 협력으로 우라늄 원자핵의 분열을 발견. 1944년 노벨 화학상을 수상했다. 독일이 패전한 후, 원자 폭탄을 연구한 혐의로 하이젠베르크 등과 함께 연합군에 의해 1년 가까이 구류되었다. 다만, 한은 '우라늄 계획'에는 관계하고 있지 않았다.

헤르츠(Heinrich Rudolf Hertz : 독일, 1857~1894) 전자기파의 존재, 그 속도가 광속과 같다는 것을 실험으로 증명했다. 헤르츠의 공명자(共鳴子), 음극선의 연구, 유전체(誘電體)의 연구, 전자기 유도의 여러 문제 연구 등이 있다. 36세의 젊은 나이로 패혈증 때문에 사망했다.

하위헌스(Christiaan Huygens : 네덜란드, 1629~1695) 명문의 외교관 집안에서 출생. 흔들이(振子) 시계의 발명자. 빛의 파동설을 제출하고 빛의 반사, 굴절의 법칙을 증명했다. 또 토성의 고리와 그 위성인 타이탄을 발견했다.

상대론의 ABC

단 두 가지 원리로 모든 것을 알게 된다

초판 1쇄   1993년 02월 20일
개정 1쇄   2019년 02월 25일

지은이   후쿠시마 하지메
옮긴이   손영수
펴낸이   손영일
펴낸곳   전파과학사
주소   서울시 서대문구 증가로 18, 204호
등록   1956. 7. 23. 등록 제10-89호
전화   (02)333-8877(8855)
FAX   (02)334-8092
홈페이지   www.s-wave.co.kr
E-mail   chonpa2@hanmail.net
공식블로그   http://blog.naver.com/siencia

ISBN 978-89-7044-864-0 (03420)

도서목록

현대과학신서

A1 일반상대론의 물리적 기초
A2 아인슈타인 I
A3 아인슈타인 II
A4 미지의 세계로의 여행
A5 천재의 정신병리
A6 자석 이야기
A7 러더퍼드와 원자의 본질
A9 중력
A10 중국과학의 사상
A11 재미있는 물리실험
A12 물리학이란 무엇인가
A13 불교와 자연과학
A14 대륙은 움직인다
A15 대륙은 살아있다
A16 창조 공학
A17 분자생물학 입문 I
A18 물
A19 재미있는 물리학 I
A20 재미있는 물리학 II
A21 우리가 처음은 아니다
A22 바이러스의 세계
A23 탐구학습 과학실험
A24 과학사의 뒷얘기 1
A25 과학사의 뒷얘기 2
A26 과학사의 뒷얘기 3
A27 과학사의 뒷얘기 4
A28 공간의 역사
A29 물리학을 뒤흔든 30년
A30 별의 물리
A31 신소재 혁명
A32 현대과학의 기독교적 이해
A33 서양과학사
A34 생명의 뿌리
A35 물리학사
A36 자기개발법
A37 양자전자공학
A38 과학 재능의 교육
A39 마찰 이야기
A40 지질학, 지구사 그리고 인류
A41 레이저 이야기

A42 생명의 기원
A43 공기의 탐구
A44 바이오 센서
A45 동물의 사회행동
A46 아이작 뉴턴
A47 생물학사
A48 레이저와 홀러그러피
A49 처음 3분간
A50 종교와 과학
A51 물리철학
A52 화학과 범죄
A53 수학의 약점
A54 생명이란 무엇인가
A55 양자역학의 세계상
A56 일본인과 근대과학
A57 호르몬
A58 생활 속의 화학
A59 셈과 사람과 컴퓨터
A60 우리가 먹는 화학물질
A61 물리법칙의 특성
A62 진화
A63 아시모프의 천문학 입문
A64 잃어버린 장
A65 별·은하 우주

도서목록

BLUE BACKS

1. 광합성의 세계
2. 원자핵의 세계
3. 맥스웰의 도깨비
4. 원소란 무엇인가
5. 4차원의 세계
6. 우주란 무엇인가
7. 지구란 무엇인가
8. 새로운 생물학(품절)
9. 마이컴의 제작법(절판)
10. 과학사의 새로운 관점
11. 생명의 물리학(품절)
12. 인류가 나타난 날Ⅰ(품절)
13. 인류가 나타난 날Ⅱ(품절)
14. 잠이란 무엇인가
15. 양자역학의 세계
16. 생명합성에의 길(품절)
17. 상대론적 우주론
18. 신체의 소사전
19. 생명의 탄생(품절)
20. 인간 영양학(절판)
21. 식물의 병(절판)
22. 물성물리학의 세계
23. 물리학의 재발견〈상〉
24. 생명을 만드는 물질
25. 물이란 무엇인가(품절)
26. 촉매란 무엇인가(품절)
27. 기계의 재발견
28. 공간학에의 초대(품절)
29. 행성과 생명(품절)
30. 구급의학 입문(절판)
31. 물리학의 재발견〈하〉
32. 열 번째 행성
33. 수의 장난감상자
34. 전파기술에의 초대
35. 유전독물
36. 인터페론이란 무엇인가
37. 쿼크
38. 전파기술입문
39. 유전자에 관한 50가지 기초지식
40. 4차원 문답
41. 과학적 트레이닝(절판)
42. 소립자론의 세계
43. 쉬운 역학 교실(품절)
44. 전자기파란 무엇인가
45. 초광속입자 타키온
46. 파인 세라믹스
47. 아인슈타인의 생애
48. 식물의 섹스
49. 바이오 테크놀러지
50. 새로운 화학
51. 나는 전자이다
52. 분자생물학 입문
53. 유전자가 말하는 생명의 모습
54. 분체의 과학(품절)
55. 섹스 사이언스
56. 교실에서 못 배우는 식물이야기(품절)
57. 화학이 좋아지는 책
58. 유기화학이 좋아지는 책
59. 노화는 왜 일어나는가
60. 리더십의 과학(절판)
61. DNA학 입문
62. 아몰퍼스
63. 안테나의 과학
64. 방정식의 이해와 해법
65. 단백질이란 무엇인가
66. 자석의 ABC
67. 물리학의 ABC
68. 천체관측 가이드(품절)
69. 노벨상으로 말하는 20세기 물리학
70. 지능이란 무엇인가
71. 과학자와 기독교(품절)
72. 알기 쉬운 양자론
73. 전자기학의 ABC
74. 세포의 사회(품절)
75. 산수 100가지 난문·기문
76. 반물질의 세계
77. 생체막이란 무엇인가(품절)
78. 빛으로 말하는 현대물리학
79. 소사전·미생물의 수첩(품절)
80. 새로운 유기화학(품절)
81. 중성자 물리의 세계
82. 초고진공이 여는 세계
83. 프랑스 혁명과 수학자들
84. 초전도란 무엇인가
85. 괴담의 과학(품절)
86. 전파는 위험하지 않은가
87. 과학자는 왜 선취권을 노리는가?
88. 플라스마의 세계
89. 머리가 좋아지는 영양학
90. 수학 질문 상자

91. 컴퓨터 그래픽의 세계
92. 퍼스컴 통계학 입문
93. OS/2로의 초대
94. 분리의 과학
95. 바다 야채
96. 잃어버린 세계·과학의 여행
97. 식물 바이오 테크놀러지
98. 새로운 양자생물학(품절)
99. 꿈의 신소재·기능성 고분자
100. 바이오 테크놀러지 용어사전
101. Quick C 첫길음
102. 지식공학 입문
103. 퍼스컴으로 즐기는 수학
104. PC통신 입문
105. RNA 이야기
106. 인공지능의 ABC
107. 진화론이 변하고 있다
108. 지구의 수호신·성층권 오존
109. MS-Window란 무엇인가
110. 오답으로부터 배운다
111. PC C언어 입문
112. 시간의 불가사의
113. 뇌사란 무엇인가?
114. 세라믹 센서
115. PC LAN은 무엇인가?
116. 생물물리의 최전선
117. 사람은 방사선에 왜 약한가?
118. 신기한 화학 매직
119. 모터를 알기 쉽게 배운다
120. 상대론의 ABC
121. 수학기피증의 진찰실
122. 방사능을 생각한다
123. 조리요령의 과학
124. 앞을 내다보는 통계학
125. 원주율 π의 불가사의
126. 마취의 과학
127. 양자우주를 엿보다
128. 카오스와 프랙털
129. 뇌 100가지 새로운 지식
130. 만화수학 소사전
131. 화학사 상식을 다시보다
132. 17억 년 전의 원자로
133. 다리의 모든 것
134. 식물의 생명상
135. 수학 아직 이러한 것을 모른다
136. 우리 주변의 화학물질
137. 교실에서 가르쳐주지 않는 지구이야기
138. 죽음을 초월하는 마음의 과학
139. 화학 재치문답
140. 공룡은 어떤 생물이었나
141. 시세를 연구한다
142. 스트레스와 면역
143. 나는 효소이다
144. 이기적인 유전자란 무엇인가
145. 인재는 불량사원에서 찾아라
146. 기능성 식품의 경이
147. 바이오 식품의 경이
148. 몸 속의 원소 여행
149. 궁극의 가속기 SSC와 21세기 물리학
150. 지구환경의 참과 거짓
151. 중성미자 천문학
152. 제2의 지구란 있는가
153. 아이는 이처럼 지쳐 있다
154. 중국의학에서 본 병 아닌 병
155. 화학이 만든 놀라운 기능재료
156. 수학 퍼즐 랜드
157. PC로 도전하는 원주율
158. 대인 관계의 심리학
159. PC로 즐기는 물리 시뮬레이션
160. 대인관계의 심리학
161. 화학반응은 왜 일어나는가
162. 한방의 과학
163. 초능력과 기의 수수께끼에 도전한다
164. 과학·재미있는 질문 상자
165. 컴퓨터 바이러스
166. 산수 100가지 난문·기문 3
167. 속산 100의 테크닉
168. 에너지로 말하는 현대 물리학
169. 전철 안에서도 할 수 있는 정보처리
170. 슈퍼파워 효소의 경이
171. 화학 오답집
172. 태양전지를 익숙하게 다룬다
173. 무리수의 불가사의
174. 과일의 박물학
175. 응용초전도
176. 무한의 불가사의
177. 전기란 무엇인가
178. 0의 불가사의
179. 솔리톤이란 무엇인가?
180. 여자의 뇌·남자의 뇌
181. 심장병을 예방하자